Urmil Chaudhari
Nitin Shah
Pankaj Maheriya

Cultivo de Lilium asiático em condições agro-climáticas de Gujarat

Urmil Chaudhari
Nitin Shah
Pankaj Maheriya

Cultivo de Lilium asiático em condições agro-climáticas de Gujarat

"Olhai para os lírios como eles crescem!"

ScienciaScripts

Imprint
Any brand names and product names mentioned in this book are subject to trademark, brand or patent protection and are trademarks or registered trademarks of their respective holders. The use of brand names, product names, common names, trade names, product descriptions etc. even without a particular marking in this work is in no way to be construed to mean that such names may be regarded as unrestricted in respect of trademark and brand protection legislation and could thus be used by anyone.

Cover image: www.ingimage.com

This book is a translation from the original published under ISBN 978-620-5-48768-6.

Publisher:
Sciencia Scripts
is a trademark of
Dodo Books Indian Ocean Ltd. and OmniScriptum S.R.L publishing group

120 High Road, East Finchley, London, N2 9ED, United Kingdom
Str. Armeneasca 28/1, office 1, Chisinau MD-2012, Republic of Moldova, Europe
Managing Directors: Ieva Konstantinova, Victoria Ursu
info@omniscriptum.com

Printed at: see last page
ISBN: 978-620-8-54919-0

CONTEÚDO

CAPÍTULO - I
INTRODUÇÃO

A floricultura é conhecida por desempenhar um papel integral na vida humana desde antes do início da civilização. Desde o culto a Deus e o cultivo no jardim para embelezamento até à sua utilização para acrescentar valor, desenvolver produtos anti-microbianos, auto-adornação e fins decorativos, as flores são utilizadas quase todos os dias numa ou noutra ocasião.

A floricultura está a ser reconhecida como uma alternativa rentável às culturas arvenses tradicionais devido à sua capacidade de produzir rendimentos mais elevados por unidade de superfície. Os produtos da floricultura consistem principalmente em flores cortadas, plantas em vaso, verduras/folhagens cortadas, sementes, bolbos, tubérculos, estacas enraizadas e flores ou folhas secas. A Índia exportou produtos de floricultura no valor de 21 024,41 toneladas, com um valor de 707,81 milhões de rúpias em 2022-23 (APEDA, 2023). As culturas de floricultura foram cultivadas numa área de cerca de 258 mil hectares com uma produção estimada de 2236 mil TM de flores soltas e 958 mil TM de flores cortadas durante 2023-24 (NHB, 2023). Karnataka, Tamil Nadu e Andra Pradesh são os principais estados produtores de flores do país. Uttaranchal, Mizoram e outros Estados de Leste estão a emergir como novos centros de produção de flores de corte.

O lírio é uma das plantas ornamentais mais fascinantes em termos de aparência, beleza, diferentes formas e tonalidades de cores, e é uma cultura de baixo volume e alto valor. Tem sido descrito como um símbolo de pureza e realeza. Tem uma grande aplicabilidade na indústria floral como flor de corte e planta em vaso (Jana e Roychoudhary, 1989). É nativa do hemisfério norte e amplamente distribuída na China, Japão, sul do Canadá, Sibéria e estende-se até à Florida nos EUA.

Lilium é um dos seis principais géneros de bolbos de flores produzidos em todo o mundo (Nard e Hertogh, 1993). É uma espécie de grande importância económica na produção e comercialização de flores de corte no mercado internacional (Jimenez *et al.,* 2012). É também de elevado preço e muito popular, devido à sua riqueza e variedade de cores e à grande quantidade de flores que produz. Devido ao seu tamanho, beleza e longevidade, o Lilium é uma das dez flores de corte mais superiores do mundo. É uma planta com flor que é muitas vezes referida como lírio e a sua forma, elegância e cor da floração são todas muito bonitas e apelativas. O lírio é uma das plantas ornamentais bulbosas mais comuns (Thakur *et al.,* 2005). Devido às suas flores grandes e atraentes, com capacidade de reidratação após um longo transporte, a popularidade do Lilium está a ganhar rapidamente no nosso país. As cultivares do género Lilium são muito apreciadas pelos horticultores pela sua extraordinária gama de cores, fragrância e adaptabilidade a várias condições ambientais (Bahr e Compton, 2004).

Os Países Baixos produzem um total de 2,21 mil milhões de bolbos de lírio, dos quais 0,41 mil milhões (19%) se destinam à produção interna de flores de corte. 5% do total destinam-se a jardins e a fins domésticos. A cultura do lírio é favorável em zonas de clima temperado, principalmente em Himachal Pradesh, Uttarakhand, Bangalore e partes do Punjab, na Índia. São importados bolbos de alta qualidade de outros países para a cultura do lírio, especialmente em regiões subtropicais sob cultivo protegido, o que oferece um potencial de aumento do rendimento. No entanto, as variedades/híbridos de lilium cultivados no Estado de Gujarat estão a dar bons resultados e a florescer com uma grande variedade de cores, tamanhos e formas. Embora as condições agro-climáticas do Estado sejam adequadas para esta cultura de flores, o seu cultivo comercial não atraiu os floricultores devido à falta de sensibilização para esta cultura, de material de plantação de qualidade e de conhecimentos sobre a sua tecnologia de produção.

O lírio é uma das plantas bulbosas ornamentais mais bonitas e populares, pertencente à família Liliaceae. Trata-se de uma planta herbácea perene com um bolbo escamoso de caule não ramificado, liso e pubescente, geralmente verde brilhante, por vezes tingido de púrpura ou castanho e geralmente coberto de folhas. Os bolbos de lírio têm uma placa basal sólida que produz raízes a partir da sua base e séries concêntricas de escamas apertadas a soltas, carnudas e sobrepostas de largura variável a partir do topo. A maioria dos lilium produz um caule único e não ramificado com folhas lineares em espiral ou aleatórias. O lírio pode apresentar uma flor solitária ou uma umbela com várias flores. As cores das flores incluem o branco, o cor-de-rosa, o amarelo, o laranja, o vermelho e o púrpura. Muitos lilium têm flores com cores secundárias ou flores salpicadas. As plantas florescem no final da primavera ou no verão. As flores nascem em racemos ou umbelas na extremidade do caule, com seis tépalas espalhadas ou deflexionadas, dando origem a flores que variam da forma de funil ao chapéu de turco. As tépalas estão separadas umas das outras e contêm néctar na base de cada flor. O ovário é superior e está situado acima do ponto de fixação das anteras. Os frutos são cápsulas tricelulares.

O Lilium desenvolve-se bem em sombra parcial durante o período de crescimento e deve ser cultivado em ambientes protegidos. Não necessita de fertilização excessiva. Propaga-se comercialmente através de bolbos. Embora os lírios cortados tenham um bom preço, muitas vezes o custo dos bolbos constitui a maior despesa da produção de lírios, especialmente nas zonas onde a formação de bolbos é fraca (como as zonas tropicais e subtropicais). A nova compra de material de plantação em cada estação resulta num aumento do custo de produção.

Os Lilium são geralmente classificados em nove divisões, com base na sua origem, forma e posição das flores: Híbridos asiáticos, híbridos de Martagon, híbridos de Candidum, híbridos americanos, híbridos de Longiflorum, híbridos em forma de trompete e Aureliano, híbridos orientais, vários híbridos e espécies verdadeiras (De Jong, 1974; Synge e Elwes, 1980). Entre os vários tipos de lilium, os híbridos asiáticos, orientais e Longifolium têm um potencial de excelência no comércio de flores. O asiático e o oriental são também vulgarmente conhecidos como lírios coloridos. O Lilium asiático é geralmente propagado através de bolbos em outubro e novembro. Os bolbos de tamanho médio (12-14 cm) dão flores grandes e bonitas. Os bolbos selecionados para plantação devem ser sólidos, grandes e saudáveis. As flores do lírio asiático florescem uma vez no inverno e o tamanho da flor depende completamente do tamanho dos bolbos.

Os lírios asiáticos têm geralmente na sua origem muitas espécies diferentes de lírios, originárias de várias zonas da Ásia. Já os lírios orientais são híbridos desenvolvidos a partir de algumas espécies nativas do Japão. Os lírios asiáticos são de floração precoce, geralmente sem fragrância, mas multiplicam-se rapidamente. Os lilios asiáticos têm a maior gama de cores e maior variedade na forma das flores. Vão desde as cores pastel às cores fortes, exceto o azul. Os lírios asiáticos são geralmente encontrados numa única cor, exceto o híbrido pirulito. São mais fáceis de cultivar e são o híbrido mais curto de lírio. Têm normalmente 2 a 3 pés de altura, mas podem variar entre 1 e 6 pés de altura. As flores têm geralmente 6 a 8 polegadas de largura. Os lírios asiáticos têm folhas longas e brilhantes, que são magras e têm geralmente 4 a 5 polegadas. São de cor verde brilhante e, quando os lírios asiáticos crescem, adquirem caules compridos e desenvolvem várias folhas estreitas junto ao caule, colocadas de perto.

Os lírios híbridos asiáticos, derivados de espécies nativas do Japão, Coreia, China e Europa, foram o primeiro grupo de lírios híbridos comercialmente bem sucedido, introduzido por volta de 1950 pelo famoso criador Jan de Graaff do Oregon,

EUA. As cultivares mais famosas deste grupo são a "Enchantment" e a "Connecticut King". Estas cultivares derivavam de espécies como *L. bulbiferum, L. dauricum, L. concolor* e *L.tigrinum* (antigo *L. lancifolium*). Eram mais curtas e resistentes do que as suas espécies parentais e foram muito populares até ao final do século XX. São excelentes flores de corte, com flores erectas e boa longevidade pós-colheita. Quando introduzidas na Europa e, em especial, nos Países Baixos, por volta dos anos 60, tornaram-se um grande sucesso comercial, adaptando-se facilmente ao ambiente neerlandês para a produção de flores de corte em estufa. Os híbridos asiáticos são fáceis de forçar e perfeitos para os bouquets. A gama de cores varia entre o amarelo, o laranja, o cor-de-rosa, o vermelho, o branco e também flores bicolores com ou sem manchas. A importância dos híbridos asiáticos diminuiu nos últimos anos, mas em 2009 ainda ocupavam 492 ha nos Países Baixos (Tinggi & National, 2010).

A maioria dos bolbos de lírio é importada dos Países Baixos e plantada em campo aberto ou à sombra no mês de outubro. A procura de bolbos de lírio está a aumentar todos os anos (Wani *et al.,* 2016). O ambiente das plantas influencia significativamente o crescimento, o desenvolvimento e a produtividade das culturas, sendo a temperatura e a luz factores críticos. As temperaturas mais elevadas podem ter um efeito positivo no crescimento e maturação dos botões, flores e frutos das plantas. A temperatura pode ser complexa e variar consoante as diferentes espécies de plantas. Além disso, outros factores como a humidade, a luz e a disponibilidade de nutrientes também desempenham um papel importante na determinação da forma como as plantas respondem às mudanças de temperatura. (Marcelis e de Koning, 1995). As alterações da luz não só afectam a morfologia, a fisiologia e a microestrutura das plantas, como também desempenham um papel crucial na produção. Uma intensidade luminosa mais elevada aumenta a fotossíntese, conduzindo a um aumento das taxas de desenvolvimento das flores e à formação de mais flores. Este efeito reduz o aborto de gemas e aumenta o potencial global de produção de flores (Wilkins e Dole, 1997).

O cultivo de lírio em estufa pode desempenhar um papel mais importante na melhoria da qualidade, bem como no aumento do período de floração, e também reduz a incidência de pragas de insectos em comparação com o campo aberto. As redes de sombra disponíveis no mercado têm diferentes percentagens de sombreamento e cores. Quando se utilizam redes de sombra de cores diferentes, a preta reflecte a radiação UV nociva da luz solar. A cor mais comum é o verde, que não reflecte nem absorve a radiação excessiva. Por outro lado, as redes de sombra brancas aumentam a energia positiva no ambiente, reflectindo a maior parte da radiação e do calor. Isto cria condições ambientais diferentes no interior das redes de proteção solar de cores diferentes.

A utilização de redes de sombra visa otimizar as respostas fisiológicas desejáveis, para além de proporcionar proteção física e um efeito substancial no alongamento dos rebentos, na ramificação e na floração das culturas ornamentais (Oren-Shamir *et al.*, 2001). A abordagem das redes de sombra coloridas foi avaliada em plantas ornamentais (Nissim-Levi et *al.*, 2008), legumes (Fallik *et al.*, 2009) e árvores de fruto (Shahak *et al.*, 2004). As redes de sombra coloridas não só apresentam propriedades ópticas especiais que permitem o controlo da luz, mas também têm a vantagem de influenciar o microclima a que a planta está exposta e oferecem proteção física contra a radiação excessiva, as pragas de insectos e as alterações ambientais (Shahak *et al.*, 2004). As redes de sombra são frequentemente utilizadas para proteger as culturas agrícolas da radiação solar excessiva, melhorando o clima térmico (Kittas *et al.*, 2009). A temperatura do ar foi inferior à do ar ambiente, dependendo da intensidade da sombra. As redes de sombra diminuem apenas a quantidade de luz, mas também alteram a qualidade da luz numa extensão variável e podem também alterar outras condições ambientais (Smith *et al.*, 1984).

As humidades relativas são frequentemente mais elevadas sob as redes do que no exterior, devido à transpiração do vapor de água pela cultura e à redução da falta de ar mais seco no exterior da zona vedada (Elad *et al.*, 2007). As redes, independentemente da cor, reduzem a radiação que atinge a cultura por baixo. Obviamente, quanto maior for o fator de sombra, maior será a radiação bloqueada. A redução da radiação resultante da colocação de redes afectará as temperaturas (ar, planta, solo) e as humidades relativas (Stamps, 1994). As redes também reduzem a velocidade do vento, o que pode afetar a temperatura, as humidades relativas e as concentrações de gases resultantes da redução da falta de ar. Estas alterações podem afetar a transpiração, a fotossíntese, a respiração e outros processos (Rosenberg *et al.*, 1983). As redes de sombra não só diminuem a quantidade de luz, mas também alteram a qualidade da luz, podendo também alterar outras condições ambientais que determinam o valor comercial da cultura, incluindo o rendimento, a qualidade do produto e a taxa de maturação (Shahak *et al.*, 2004).

O Lilium pode ser forçado em vários tipos de solo, mas o meio de crescimento deve ser bem arejado, possuir uma boa capacidade de retenção de água, uma drenagem eficaz e uma estrutura física sólida. Em solos pesados e sem drenagem adequada, o desenvolvimento do sistema radicular é prejudicado, tornando as plantas mais vulneráveis a doenças transmitidas pelo solo (Beattie e White, 1993). Dado que o Lilium tem uma elevada necessidade de nutrientes para o seu crescimento, os produtores optam frequentemente por vasos em vez de plantar os bolbos diretamente nos canteiros. Por conseguinte, é crucial que o meio de cultura escolhido para os bolbos de Lilium forneça todos os atributos necessários para o seu crescimento e desenvolvimento óptimos.

A areia é um material granular que ocorre naturalmente e que consiste em partículas de rocha e minerais finamente divididas. É tipicamente seca, carente de nutrientes e drena rapidamente. A areia tem pouca ou nenhuma capacidade de transportar água de camadas mais profundas através de ação capilar. Como resultado, facilita a drenagem adequada, minimizando a probabilidade de condições de alagamento. O estrume de quinta é um subproduto simples derivado de resíduos de animais de quinta, como o estrume e a urina de vaca. Desempenha um papel crucial na melhoria da estrutura do solo, aumentando a sua capacidade de retenção de água e minerais. Além disso, estimula a atividade microbiana no solo, conduzindo a um melhor fornecimento de minerais e a uma melhor nutrição das plantas.

A turfa de coco apresenta propriedades físicas favoráveis, com um elevado espaço total de poros, elevado teor de água, baixa retração, baixa densidade aparente e biodegradação lenta (Prasad, 1997). A turfa de coco, também conhecida como pó de coco ou mesocarpo de coco, tem sido reconhecida como um substituto renovável da turfa de esfagno na horticultura (Yau e Murphy, 2000; Pickering, 1997), embora a turfa de coco tenha baixos níveis de nutrientes, não é normalmente o único componente dos meios de crescimento das plantas. Possui excelentes atributos físicos, incluindo um elevado espaço total de poros, teor de água, baixo encolhimento, baixa densidade aparente e elevada capacidade de retenção de água. Com aproximadamente 1000 vezes mais ar do que o solo, o cocopeat é considerado um valioso componente de meio de cultura com pH, condutividade eléctrica e outros atributos químicos aceitáveis.

A perlite e a vermiculite contribuem para o arejamento e a drenagem, capazes de reter uma quantidade substancial de água e de a libertar conforme necessário.

Embora as condições agro-climáticas do Estado sejam bastante favoráveis a esta cultura de flores, os floricultores ainda não iniciaram o seu cultivo comercial devido à falta de conhecimentos sobre a sua tecnologia de produção e à indisponibilidade de materiais de plantação de qualidade. Entre os vários factores que influenciam o crescimento, o rendimento e a qualidade das flores, incluindo o lírio, a seleção de variedades/híbridos adequados à situação agroclimática local desempenha um papel significativo, para além de práticas culturais e competências de gestão apropriadas. O ambiente de cultivo é também outro fator importante que influencia em grande medida vários parâmetros de crescimento e floração. Neste contexto, o cultivo protetor é a necessidade da hora, o que garante uma maior produção de flores de qualidade, que proporciona maiores rendimentos aos floricultores. No entanto, falta informação sobre estes aspectos nas condições agro-climáticas de Gujarat no que respeita ao cultivo comercial de lilium.

O objetivo deste estudo é investigar o impacto de várias condições de cultivo e composições de meios, incluindo areia, cocopeat, vermiculite e perlite, no crescimento vegetativo e reprodutivo do lírio asiático.

OBJECTIVOS:

1) Estudar o efeito de diferentes condições e meios de cultivo no crescimento, rendimento e produção de bolbos de Lilium asiático.
2) Estudar o efeito da interação de diferentes condições de cultivo com o meio de cultura no crescimento, rendimento e produção de bolbos do lírio asiático.

CAPÍTULO - II

REVISÃO DA LITERATURA

Os resultados da investigação sobre o efeito das condições de cultivo e dos meios de cultura no crescimento e no rendimento do lilium asiático nas condições de Gujarat são muito limitados. Recentemente, tem-se desenvolvido um interesse considerável no que respeita aos benefícios da utilização das condições de cultivo e da composição dos meios de cultura nas culturas de flores, tanto em vaso como em campo. Foram efectuados alguns trabalhos de investigação sobre a utilização de diferentes condições de crescimento e composição dos meios de cultura em diferentes culturas de bolbos, incluindo o lírio asiático, e os resultados já obtidos são de grande importância. Por conseguinte, a literatura disponível noutros locais sobre o lírio asiático e outras culturas de bolbos sobre este aspeto foi utilizada neste capítulo.

2.1 Efeito das condições de cultivo no crescimento, rendimento e qualidade

2.1.1 Culturas bulbosas

Kumar *et al.* (2011) realizaram uma experiência com oito cultivares de lírio asiático, nomeadamente Avelino, Botticelli, Farfalla, Brunello, Detroit, Gironde, Navona e Vermeer. O objetivo era avaliar a produção de flores de corte em Meghalaya. Os dados indicam que a cv. Avelino apresentou maior altura da planta (52,86 cm), comprimento da folha (8,64 cm), diâmetro do botão (2,70 cm), largura da pétala (5,12 cm) e diâmetro do bolbo (5,40 cm). Por outro lado, a cv. Botticelli apresentou o número máximo de folhas por planta (104,53), o comprimento do pedicelo (7,84 cm), a altura do bolbo (4,43 cm) e o número de escamas por bolbo (63,66). O diâmetro da flor (17,36 cm), o comprimento do botão antes de abrir (10,07 cm), o comprimento da pétala (10,59 cm) e o peso do bolbo (56,66 cm) foram maiores na cv. Detroit. No entanto, a cv. Gironde teve um maior número de folhas (101,13) e flores (4,93) por planta, enquanto a cv. Brunello teve um maior perímetro de planta (6,19 mm), e a cv. Vermeer registou uma maior largura de folha (1,74 cm) em condições de estufa.

Deeptimayee e Mohanty (2015) realizaram uma experiência para avaliar o desempenho de cinco variedades de lírios híbridos asiáticos, nomeadamente New wave, Orange matrix, Alaska, Nov cento e Mount negro, em termos de crescimento, floração e produção de bolbos. Os dados analisados revelaram várias diferenças significativas entre as variedades de lírios híbridos asiáticos. A Nov cento apresentou a altura máxima da planta (26,16 cm), enquanto a Orange Matrix apresentou a altura mínima (13,16 cm). A variedade Mount Negro registou o número mais elevado de folhas por planta (108,04) e a Alaska apresentou o comprimento máximo das folhas (5,18 cm) e a largura máxima (1,72 cm). O Monte Negro também apresentou o maior número de botões florais por rebento (4,17), e a Matriz Laranja teve a flor mais larga (17,83 cm) com o maior comprimento (11,60 cm). Por outro lado, a matriz Orange teve o número mínimo de folhas por planta (36,71), e a New wave e a Mount Negro tiveram o menor comprimento (2,84 cm) e largura (0,76 cm) de folhas. A Orange Matrix registou o menor número de botões florais por rebento (1,52), e a Mount Negro teve a menor largura de flor (14,27 cm) com o menor comprimento (8,61 cm). Em termos de tempo, o Monte Negro foi o mais precoce a produzir botões florais (20,00 dias), enquanto a matriz Laranja foi a última (30,0 dias). O Monte Negro foi também o mais precoce na abertura dos botões a partir da plantação (44,48 dias) e do aparecimento do botão floral (24,62 dias). Por outro lado, a matriz Laranja foi a que levou o máximo de dias para a brotação a partir do plantio (57,87 dias), e a Nova Onda foi a que levou o máximo de dias para a brotação a partir do aparecimento do botão floral (30,17 dias).

Bhandari *et al.* (2016) realizaram uma experiência de avaliação de híbridos de Lilium (Lilium x hybrida) em termos de crescimento, floração e atributos dos bolbos nas regiões montanhosas de Uttarakhand. A investigação foi efectuada em condições protegidas. Foram selecionadas 18 variedades híbridas que apresentaram variações significativas em termos de atributos vegetativos, de floração e de bolbos. Os dados indicaram que a cultivar "Yellow Diamond" apresentou o aparecimento mais precoce de rebentos (4,66 dias), a iniciação mais precoce do botão floral (30,33 dias) e a cultivar "Bach' Detroit" atingiu a fase de quebra de cor do botão floral em 46,33 dias e iniciou a floração em 50,00 dias. A 'Pollyanna' registou o número máximo de botões florais por planta, (8,66). 'Indian Summerset' apresentou as inflorescências mais longas (25,23 cm). 'Creil' e 'Golden Tycoon' atingiram o diâmetro máximo de flores, (17,66 cm). A 'Bright Diamond' apresentou a altura máxima de planta (145,13 cm). A 'Novana' apresentou a espessura máxima do caule, (1,86 cm). No entanto, a 'Ceb Dazzle' registou o número máximo de bolbos por planta, com 6,66 bolbos.

Bhat, *et al.* (2016) realizaram uma experiência sobre o desempenho de sete variedades de lírios híbridos asiáticos (Yelloween, Fuziana, Munique, Belgrado, Monger Bay, Active, Cool green) em dois ambientes de cultivo diferentes: condições ao ar livre e uma estufa de baixo custo na OUAT, Bhubaneswar. Em comparação com os dois ambientes de cultivo, a estufa apresentou o desempenho mais satisfatório, melhorando vários caracteres de crescimento, florais e de bolbo. As plantas cultivadas em estufa apresentaram uma altura máxima (38,30 cm), número de folhas (77,02), comprimento das folhas (5,03 cm) e área foliar (6,86 cm^2) em comparação com as plantas cultivadas ao ar livre. As plantas cultivadas em estufa também apresentaram melhorias no número de botões florais (4,29), comprimento do rebento floral (47,13 cm), haste floral (4,89 cm), largura da flor (16,12 cm), diâmetro da haste floral (0,87 cm), diâmetro do bolbo e peso (12,49 g). Em contraste, a condição aberta demonstrou precocidade na abertura do botão (51,23 dias) e na abertura da flor (53,27 dias), juntamente com o comprimento máximo do botão (8,71 cm) e largura (8,40 cm).

Negi, *et al.* (2016) estudaram a avaliação de cultivares de Lilium para avaliar o seu desempenho no que respeita ao crescimento e à floração nas condições de baixa altitude de Himachal Pradesh em condições de crescimento natural. Utilizaram quatro cultivares diferentes de lilium, nomeadamente, Pollyana, Alliana, Toscana e Grand Paradiso. Os resultados mostraram que as cultivares Pollyana e Alliana tinham as plantas mais altas com o número máximo de folhas. Entre elas, a Pollyana tinha a maior flor com um diâmetro significativo de (18,36 cm), seguida da Alliana com (16,00 cm). Em contraste, Toscana teve o menor diâmetro de flor com (12,33 cm). Pollyana também demonstrou um número estatisticamente maior de flores por planta (10,60), enquanto Grand Paradiso teve o mínimo (4,63). A Pollyana apresentou uma duração de floração significativamente mais longa (15,00 dias), seguida pela Alliana (12 dias).

Fatmi *et al.* (2018) estudaram o crescimento e a floração do lírio asiático cv. Pollyannaas influenciadas por diferentes ambientes de cultivo. Examinaram o impacto de factores ambientais como a temperatura, a humidade e a luz no crescimento das plantas e nas caraterísticas florais. O estudo comparou provavelmente as condições em ambientes protegidos (como uma estufa ou uma rede de sombra) com as condições em campo aberto. Os resultados indicaram que as plantas cultivadas em condições de rede de sombra apresentaram valores mais elevados para parâmetros de crescimento e vegetativos como a altura da planta (47,82 cm), a área foliar (15,6 cm^2), a dispersão da planta (18,86 cm) e o comprimento do caule (49,78 cm). Por outro lado, os parâmetros florais, como a emergência precoce de botões (42 dias) e a abertura precoce de flores (33,62 dias), o número de botões (4,16), o diâmetro da flor (133,16 mm) e a vida útil do vaso (13,72 dias) foram máximos em condições de estufa.

Kumar *et al.* (2018) realizaram uma experiência para descobrir a cultivar de lírio mais adequada para o cultivo bem sucedido e a produção de flores em condições de estufa. Para a experiência, utilizaram as cultivares de lírio Nashville (amarelo), Eyeliner (branco) e Hyde Park (laranja). Os resultados indicaram que, entre as diferentes cultivares, a Nashville tinha altura máxima da planta (123,73 cm), comprimento do caule (99,60 cm), diâmetro do caule (11,25 mm), número de flores por planta (4,47), comprimento do botão da flor (10,37 cm), diâmetro do botão da flor (34,20 mm), diâmetro da flor (20,81 cm). Assim, os dados revelaram que a cultivar Nashville demonstrou um desempenho superior em termos de crescimento vegetativo, floração e qualidade geral em condições de cultivo em estufa no oeste de Haryana, especificamente no distrito de Hisar.

Masoodi e Nayeem (2018) sugeriram a realização de uma experiência para avaliar o desempenho e as caraterísticas de vários híbridos de Lilium nas condições climáticas específicas do vale de Caxemira. A experiência teve como objetivo avaliar quatro variedades híbridas asiáticas de Lilium, nomeadamente Navona, Nello, Dailia e Blackout, juntamente com três híbridos orientais, Parrano, Tiber e Coca-D, e dois híbridos LA. Pedround e Yellow Diamond. Os dados analisados revelaram que a variedade híbrida asiática (Navona), o híbrido oriental (Parrano) e o híbrido L.A. (Pedround) registaram a altura máxima das plantas (56,7, 75,2 e 72,1 cm) (53.2, 71.3 e 68.2) e (52.1, 70.2 e 66.6 cm), comprimento da espiga (41.7, 60.2 e 57.1 cm) (38.2, 56.3 e 53.2 cm) e (37.1, 55.2 e 51.6 cm), diâmetro da espiga (1.5, 1.5 e 1.2 cm) (1.3, 1.2, e 1.2 cm) e (1.2, 1.1 e 1.0 cm), peso fresco (28.3, 26.4 e 20.8 g) (26.6, 21.2 e 18.0 g) e (26.4, 21.2 e 18.0 g), área foliar (4.29, 4.10 e 3.26 cm^2) (4.25, 3.28 e 3.24 cm^2) e (4.21, 3,20 e 3,22 cm^2) e índice de área foliar (0,715, 0,68 e 0,54) (0,7, 0,54 e 0,54) e (0,7, 0,54 e 0,54) em Larnoo, Kupwara e Shalimar entre todos os lírios híbridos em condições abertas.

Sharma, *et al.* (2018) avaliaram o desempenho de diferentes variedades de lilium em condições de estufa. Foram plantadas nove variedades de Lilium (Brindisi, Litouwen, Pavia, Sulpice, Tresor, Eyeliner, Indian Diamond, Yellow Diamond e Indian summerset) em condições de Hisar. A altura máxima da planta (108,20 cm) foi observada na Var. Indian Diamond, que foi comparável à Var. Eyeliner (104,60 cm). A Var. Sulpice teve o número máximo de folhas (89,80), enquanto a Var. Indian Summerset apresentou o maior diâmetro de caule (8,16 cm). O maior número de botões foi observado na Var. Pavia (5,70), enquanto que a floração precoce ocorreu na

Var. Yellow Diamond (69,20 dias). A Var. Indian Summerset apresentou o diâmetro máximo de flor (19,30 cm).

Kumari *et al.* (2019) estudaram o desempenho comparativo do lírio híbrido oriental cv. White cup em condições protegidas. Eles observaram os caracteres vegetativos como altura da planta (91,54 cm), número total de folhas (45,19), comprimento das folhas (13,16) e largura das folhas (2,65), diâmetro do caule (9,52 cm), diâmetro médio da planta (31,68 cm), propagação da planta (784,84 cm), área foliar por planta (847.03 cm^2), índice de área foliar (1,14) foram superiores em condições de sombrite, mas os caracteres de qualidade da flor como o tempo necessário para a iniciação do botão (58,53 dias), o número de botões por planta (6,69) e a vida de vaso (16,11 dias) foram superiores em condições de estufa.

Chaudhary, *et al.* (2020) avaliaram os híbridos LA e os lírios orientais em condições protegidas e ao ar livre. Foram utilizadas quatro cultivares de híbridos LA, nomeadamente Salmon Classic, Bright Diamond, Red Alert, Pavia, e cinco cultivares de lírios orientais, Mero Star, Medusa, Canberra, Rialto e Avocado. Os resultados indicaram que, tanto nos híbridos LA como nos lírios orientais, o número de folhas, a área foliar, a altura da planta, o número total de botões, o diâmetro dos botões, o número total de flores, a duração da floração, o tempo de vida do vaso, o peso dos bolbos e o diâmetro dos bolbos foram superiores em condições de proteção. Por outro lado, os dias para a formação de botões visíveis e o peso dos bolbos mostraram superioridade em condições abertas, tanto para os híbridos LA como para os lírios orientais.

Savita *et al.* (2022) estudaram o efeito de diferentes condições de cultivo e genótipos no crescimento e nos parâmetros do bolbo do lírio asiático. Foram utilizadas quatro cultivares diferentes e três condições de cultivo diferentes para uma experiência. Os resultados indicaram que, quando estas variedades de lírio asiático foram cultivadas em estufa, apresentaram um melhor desempenho em determinados aspectos, como a germinação precoce do bolbo (4,59 dias), a altura máxima da planta (107,10 cm) e o número de folhas por planta (66,57). Além disso, as condições de estufa conduzem a uma duração mais curta até à colheita dos bolbos (232,25 dias). Por outro lado, no que diz respeito a parâmetros como o comprimento (9,74 cm) e a largura (2,32 cm) das folhas, o peso dos bolbos por planta (62,66 g), o diâmetro do bolbo (4,13 cm) e o número de bolbos por planta (3,40), observa-se que a condição de rede de sombra é mais favorável do que a de estufa.

2.1.2 Gladíolo

Singh e Kumar (2018) realizaram uma experiência com o objetivo de observar o desempenho do gladíolo cv. Forta Rosa em diferentes condições ambientais. Observaram que a altura máxima da planta aos 30, 60 e 90 dias após a plantação, *ou seja,* 55,66 cm, 69,67 cm e 110,02 cm, respetivamente, o número de folhas (8,55), o comprimento da espiga (115,98 cm) e o comprimento do ráquis (96,02 cm), o número de floretes por espiga (18,13), o peso fresco do cormo por planta (81,88 g), o diâmetro do cormo (7.88 cm), respetivamente, foram registados em condições de estufa, ao passo que o número de dias necessários para o crescimento da espiga (89,88 dias), dias para a abertura da flor basal (95,38 dias), diâmetro da flor (10,36 cm), dias para a plena floração (159,50 dias), número de cormos por planta (1,75), número de cormos por planta (172,38), peso fresco dos cormos por planta foram registados ao máximo em condições de rede de sombra.

2.2 Efeito de diferentes composições de meios no crescimento, rendimento e qualidade

2.2.1 Culturas bulbosas

Prisa *et al.* (2010) avaliaram a eficácia de substratos inorgânicos ou orgânicos para reduzir o uso de turfa e melhorar a qualidade de bolbos e inflorescências em lírio asiático, observaram que os zeólitos (Clinoptilolite, Cabasite e Litonita), como compostos inorgânicos, e Biomax (um composto obtido por resíduos de cevada) como substrato orgânico foram avaliados para reduzir o uso de turfa e melhorar o tamanho de bolbos, bolbos e bulbilhos e a qualidade das inflorescências em lírio asiático.

Bostan, *et al,* (2014) investigaram o impacto dos meios de cultivo e dos intervalos de irrigação na produção de flores de Amaryllis (*Amaryllis Belladonna*). Vários meios de cultivo, incluindo solo de jardim, lodo de canal, estrume de quinta, composto de cogumelos, bolor de folhas e estrume de aves, foram combinados em diferentes proporções. Além disso, foram implementadas combinações de vários níveis de irrigação. Descobriram que um meio de cultivo composto por solo de jardim, lodo de canal e composto de cogumelo produziu o maior número de flores (5,42) por planta, o caule de flor mais longo (44,00 cm) e o maior diâmetro de flor (11,58 cm). Por outro lado, o meio composto de solo de jardim, lodo de canal e mofo de folhas exibiu a maior persistência de flores (7,58 dias), enquanto a floração mais precoce (43,50 dias) ocorreu em plantas de amarílis cultivadas no meio composto de solo de jardim, lodo de canal e esterco de quintal.

Mousaviand e Ardebili (2014) realizaram um estudo de pesquisa com o objetivo de mitigar a contaminação ambiental, avaliando os impactos de vários tipos de composto na fisiologia, crescimento e desenvolvimento de *Lilium longiflorum* var Ceb-Dazzle. Eles usaram as misturas, cada uma com dois níveis (0% ou 10%) de fertilizantes orgânicos, incluindo Vermicomposto, BSC (composto à base de lodo de esgoto de bagaço de cana) e composto de peixe. O resultado mostrou que o adubo de peixe atrasou as reações de germinação em comparação com o vermicomposto. Por outro lado, o vermicomposto provou ser o fertilizante mais eficaz na promoção do crescimento, floração e efeitos pós-colheita de *Lillium longiflorum*.

Bhandari *et al.* (2017) avaliaram diferentes meios de cultura para determinar a sua eficácia na promoção do crescimento ótimo e da floração do lírio (*Lilium longifolium*). O resultado indicou que a altura máxima da planta (99,80 cm), o número de botões florais (5,37), o diâmetro da flor (15,23 cm), o diâmetro do bolbo (52,03 cm), as raízes basais comprimento (25,36 cm) e o comprimento das raízes do caule (14,43 cm) foram alcançados quando se utilizou um meio de cultura contendo cocopeat.

Rajera *et al.* (2017) investigaram o efeito de diferentes meios de cultivo no crescimento e na produção de flores do lírio híbrido LA. O resultado mostrou que a germinação mais precoce, o número de folhas por planta, os dias necessários para a floração, o número de flores por espiga, a duração da floração, o peso do caule e a vida útil do vaso foram registados melhor quando os bolbos híbridos LA foram cultivados em M_7 (M_1 + Vermicomposto + Cocopeat; 2:1:1; v/v). Por outro lado, a altura da planta, o comprimento do caule, o comprimento do botão e o tamanho da flor foram os melhores registados quando os bolbos de híbridos LA foram cultivados em M_1-Areia+ Solo+ FYM, (1:1:1, v/v).

Chandrakar *et al.* (2018) observaram que o efeito dos meios de cultivo em diferentes variedades de lírio oriental (*Lilium orientalis*) sob rede de sombra em condições agroclimáticas de Allahabad, o resultado indicou que a altura da planta, o número de folhas, os dias necessários para a iniciação do primeiro botão de flor, o comprimento do primeiro botão de flor amadurecido, o diâmetro da primeira flor totalmente aberta, o número de flores por planta foram identificados como significativos e os seus valores foram observados no máximo no meio de cultivo contendo proporções iguais de turfa de coco: vermicomposto: Solo (1:1:1 v/v).

Chaudhary *et al.* (2018) realizaram uma experiência sobre o efeito da composição do meio de cultivo no crescimento, floração e produção de bolbos do híbrido LA (Alerta Vermelho) e do grupo Oriental (Abacate) de lilium em condições protegidas. Observaram que todos os atributos vegetativos de ambas as cultivares, incluindo o número de folhas, a área foliar, o comprimento da folha, a largura da folha, a altura da planta e o diâmetro do caule, foram mais elevados em meios que continham uma combinação de cocopeat e vermiculite, quer com perlite ou solo. Além disso, as caraterísticas da floração, tais como o número de dias desde o botão visível até à floração, o número total de botões, o diâmetro dos botões, o comprimento dos botões florais, os dias necessários para a abertura dos botões de ¼, ½, ¾ de cor e para o desenvolvimento dos botões de cor completa, o número total de flores, o diâmetro das flores, a duração da floração e o tempo de vida em vaso de ambas as cultivares foram superiores nos meios que continham cocopeat e vermiculite, quer com perlite quer com terra. Do mesmo modo, as caraterísticas relacionadas com os bolbos, incluindo o número de bolbos, o peso dos bolbos e dos bolbos, o diâmetro dos bolbos e dos bolbos de ambas as cultivares, também foram consideradas promissoras em meios que continham cocopeat e vermiculite, quer com perlite quer com terra, que foi o melhor substrato para o crescimento, a floração e a produção de bolbos de Lilium.

Nongdhar, *et al.* (2019) estudaram o efeito de diferentes meios de cultivo no crescimento das plantas e nos caracteres de qualidade das flores do lilium asiático cv. ercalano em rede de sombra sob condições de prayagraj. Eles observaram a altura máxima da planta (42,55 cm), número de folhas por planta (40,08), tempo mínimo para o surgimento do primeiro botão de flor ou precocidade (36,55 dias), comprimento do primeiro botão de flor (83,22 mm) e diâmetro do primeiro botão de flor (26.55 mm). Além disso, o número mínimo de dias para a primeira floração (79,66 dias) foi observado, juntamente com o diâmetro máximo da flor (175,62 mm) e o diâmetro do caule (6,06 mm) com a combinação de (T_8) solo, cocopeat e vermicomposto em igual proporção.

Karaguzel, (2020) realizou uma experiência para avaliar os efeitos de diferentes meios de cultura no desempenho das flores cortadas de duas variedades de Lilium Oriental ('Siberia' e 'Vespucci'). O período de floração mais precoce (154,78 dias) foi observado no meio de cultura turfa + pedra-pomes. A maior altura de planta (120,82 cm em 'Siberia' e 119,72 cm em 'Vespucci') foi registada no meio de cultura turfa + pedra-pomes. Por outro lado, o maior número de flores (7 flores em Siberia;

5,67 flores em Vespucci) e o maior peso do caule (266,13 g em Vespucci; 353,91 g em Siberia) foram registados no meio de cultura cocopeat. Enquanto as plantas de lírio cultivadas no solo tiveram uma vida de vaso mais longa em comparação com as cultivadas em cultura sem solo.

Zamin, *et al.* (2020) examinaram o desempenho de genótipos de lilium (*Lilium elegans L.*) utilizando diferentes meios de plantação. Realizaram uma experiência com cinco genótipos de Lilium (Star gazer, Star fighter, Bomi yellow, Red carpet e Yena) utilizando quatro tipos diferentes de combinação de meios de plantação M_1: composto, M_2: ácido húmico, M_3: turfa e M_4: terra para vasos. Observaram que o meio que continha composto demorou o máximo tempo a florescer, com uma duração de 85,07 dias e que a altura máxima das plantas (54,4 cm) foi atingida quando se utilizou o meio que continha ácido húmico. Por outro lado, o número máximo de folhas (29,4) e o maior tamanho de flor (16 cm) foram observados com o meio contendo terra para vasos. Além disso, registaram o número máximo de flores (3,8 flores) quando o Lilium foi plantado no meio que continha turfa.

Alizadeh Ajirlo *et al.*(2021) realizaram um trabalho de investigação sobre o impacto do meio de envasamento no tempo de floração e nas principais caraterísticas de comercialização de cultivares de lírio (Lilium spp.), especificamente Bernini (Oriental) e Ceb Dazzle (Asiático). O estudo foi realizado num ambiente de cultura sem solo, empregando vários componentes orgânicos e minerais, incluindo areia, vermiculite, perlite, cocopeat e combinações dos mesmos, cada um em volumes iguais (50:50). Os resultados indicaram que a escolha do meio de cultura afecta significativamente o crescimento e a floração dos lírios. O cocopeat, em particular, surge como o melhor meio de cultura para as cultivares Bernini e Ceb Dazzle, proporcionando condições óptimas para acelerar o número de botões de flores por planta, o número de flores por planta, o tamanho das flores e a altura do caule. Em contraste, a floração mais precoce foi registada para a cultivar Bernini quando cultivada em areia e para a cultivar Ceb Dazzle quando cultivada em meio de vermiculite.

Heidari, *et al.* (2021) realizaram uma experiência sobre o efeito da mistura de diferentes meios de cultura no crescimento e na absorção de nutrientes do lírio cv. Tiber e Candy Club. Uma experiência que envolveu dois tipos de substratos de palmeira: um derivado apenas do tronco da palmeira e o outro utilizando as partes inteiras da palmeira. Foram utilizadas onze combinações diferentes. Verificaram que os substratos do tronco da palmeira eram superiores aos substratos da palmeira em termos de altura da planta e do número de folhas. Observaram que a altura das plantas e o teor de Fe eram mais elevados no tratamento com 40% de tronco de palmeira, enquanto que o número de folhas era mais elevado no tratamento com 80% de tronco de palmeira. O número mais elevado de botões, o teor de K, Cu e Mn foi medido no Candy Club, que foi cultivado num tratamento com 20% de palmeiras. O Candy Club cultivado no controlo apresentou os valores mais elevados de comprimento dos órgãos reprodutores, concentração de N e P. O maior teor de Ca foi obtido após o cultivo do Tiber no tronco de 80% da palmeira. A partir dos resultados obtidos, pode concluir-se que o substrato de palma tem um grande potencial para ser utilizado em mistura como substrato para o crescimento de plantas em sistemas sem solo.

Khalaj *et al,* (2022) examinaram as diferentes combinações de meios de crescimento de perlite, cocopeat, musgo de turfa e perlite de grão fino em diferentes proporções, bem como utilizaram cada componente isoladamente para identificar as condições óptimas para promover o crescimento e o estado nutricional do lírio calla. Observaram que o ajuste do rácio de cocopeat para perlite de 80:20 para 20:80 levou a um aumento do peso dos rebentos em comparação com a utilização de perlite isolada. Além disso, observaram que a alteração da proporção de perlite para cocopeat de 80:20 para 40:60 resultou num aumento do comprimento, largura e número de folhas. Além disso, um aumento na proporção de cocopeat ou musgo de turfa para perlite levou a um maior diâmetro do rizoma. No entanto, este aumento foi menor em proporções mais elevadas. Especificamente, as proporções de 80:20, 60:40 e 40:60 de perlite para turfa resultaram num aumento dos teores de azoto, fósforo e potássio nas folhas.

Fatmi, (2023) investigou os efeitos de diferentes meios de cultivo e várias variedades de lírio oriental no crescimento, floração, rendimento e aspectos económicos. Utilizou as diferentes combinações de meios de cultura M_1 (Solo + Areia + Vermicomposto (1:1:1 v/v); M_2 (Solo + Areia + Vermicomposto +Perlite (1:1:1:1 v/v); M_3 (Solo + Areia + Vermicomposto + Vermiculite (1:1:1:1 v/v); M_4 (Cocopeat + Vermicomposto (1:1 v/v); M_5 (Cocopeat + Vermicomposto + Perlite (1:1:1 v/v); M_6 (Cocopeat + Vermicomposto + Vermiculita (1:1:1 v/v) e variedades compostas por V_1 (Monteneu); V_2 (Trocadero); V_3 (Robina) ele avaliou a variedade V_2M_3 (Trocadero foi cultivada em Solo + Areia + Vermicomposto + Vermiculita (1:1:1:1) foi considerada a melhor em termos de crescimento vegetativo, floração e produção de bolbos. Enquanto que, os bolbos de lírio, foram encontrados superiores em V_3M_3 (a variedade

Robina foi cultivada na combinação Solo + Areia + Vermicomposto + Vermiculite (1:1:1:1). Além disso, a maior relação custo-benefício foi registada com o meio de cultivo M_3 (Solo + Areia + Vermicomposto + Vermiculite (1:1:1:1)).

2.2.2 Diferentes culturas

Younis *et al.* (2007) efectuaram uma experiência sobre o efeito de diferentes meios de envasamento no crescimento e na floração da *Dahlia coccinia* cv. Mignon. Foram utilizadas diferentes combinações de meios de cultivoT_0 Controlo (solo normal), T_1 (coco), T_2 (estrume de folhas), T_3 (composto+areia+silte 1:1:1 v/v), T_4 (Estrume de folhas + Silte + Areia 1:1:1 v/v), T_5 (Coco coco+ Silte + Areia 1:1:1 v/v) e T_6 (Silte + Solo normal 1:1 v/v). Investigaram que os valores mais elevados para a altura da planta, comprimento dos ramos laterais, número de flores, período de floração, tamanho da flor e número de ramos laterais foram encontrados em T_2, onde o estrume de folhas foi utilizado como meio de cultivo. Além disso, o azoto, o fósforo e o potássio foram mais eficazmente absorvidos a partir do estrume de folhas. Assim, o estrume de folhas demonstrou superioridade como meio de crescimento para plantas *de Dahlia coccinia.*

Riaz *et al.* (2008) realizaram uma experiência para avaliar o efeito de diferentes meios de cultura no crescimento e na floração de Zinnia elegans cv. Blue point. Verificaram que a altura da planta (cm), o número de folhas por planta, o número de ramos laterais, os dias para a emergência da primeira flor e o número de flores foram significativamente afectados quando as plantas foram cultivadas em mistura de estrume de folhas. O composto de côco deu o tamanho máximo de flores, que foi significativamente maior do que o solo. A qualidade da flor não foi afetada de forma significativa com a utilização de vários meios de crescimento.

Basheer e Thekkayam (2012) estudaram o efeito do meio de cultura e da nutrição orgânica no crescimento vegetativo de plantas de antúrio (*Anthurium andreanum*) cv. Tropical. Foram utilizadas diferentes combinações de meios M_1: Areia + Composto de folhas, M_2: Areia + Composto de medula de coco, M_3: Granito + composto de folhas e M_4: Granito + composto de medula de Coir . Observaram que a altura máxima da planta (41,66 cm), a área foliar (574,48 cm^2) e o comprimento do pecíolo na quarta semana após a emergência (16,29 cm) e o filactro mais curto (39,94 dias), o peso fresco e seco mais elevado das folhas (5,14 e 1,2 g, respetivamente) e o seu teor de N e K (1,61 e 2,23, respetivamente) aos 225 dias após a plantação com a composição do meio M_2: areia + composto de medula de coco para o crescimento da planta de antúrio.

Ikram *et al.* (2012) investigaram o impacto de várias combinações de meios de envasamento no crescimento e no tempo de vida em vaso da tuberosa (*Polianthes tuberosa Linn.*). Observaram um efeito significativo destas combinações de meios em comparação com os valores de controlo. Referiram que a utilização de uma combinação de areia e FYM produziu os valores mais elevados para a propagação das plantas, o número de folhas e o tempo de vida do vaso. Em contraste, a opção por uma mistura de coco e FYM resultou em valores máximos para a altura da planta, área foliar e comprimento da espiga. O maior número de plântulas foi registado na combinação de areia e estrume de aves. Além disso, os melhores valores para diâmetro floral, número de flores por espiga e vida útil foram observados quando se utilizou uma mistura de areia e composto de folhas.

Waseem *et al.* (2013) realizaram uma experiência para investigar o efeito de diferentes meios de cultivo no crescimento e desenvolvimento de *Matthiola incana*. Registaram o menor número de dias para o início da floração (75,83), altura máxima da planta (21,43 cm), cachos floridos por planta (4,11), número de flores por cacho (8,45 dias), flores por planta (34,66) em meios com bolor de folhas.

Jehoshaphat *et al.* (2017) estudaram o efeito de diferentes meios de cultivo no crescimento, na floração e na produção de rebentos de cultivares de gladíolo (*Gladiolus grandiflorus L.*): Estrume de quinta a uma taxa de 2 kg/m^2, vermicomposto a uma taxa de 1 kg/m^2, e serradura a uma taxa de 1 kg/m^2. Além disso, foram consideradas quatro variedades diferentes: Deepest Red, Jessica, Amsterdam e Esta Bonita. Na variedade Jéssica, a emergência precoce de espigas (55,27) foi observada com a aplicação de FYM a uma taxa de 2 kg. No entanto, no que diz respeito ao número de floretes por espiga (14,83) e ao número de rebentos (65,16) por planta, a variedade Amsterdam apresentou o melhor desempenho com a aplicação de adubo na proporção de 2 kg.

Jabbar *et al.* (2018) investigaram o impacto de um meio de cocopeat: perlite com três rácios de volume diferentes (1:1, 3:1 e 1:3) em vários parâmetros vegetativos, de floração e bioquímicos de duas cultivares de gladíolo, nomeadamente Strong e White em condições sem solo. Observaram que os parâmetros vegetativos, incluindo a altura da planta, o número de folhas e a área foliar, bem como os parâmetros de floração, como a emergência da espiga, o diâmetro da espiga, o comprimento da espiga e o número de floretes por espiga, foram influenciados. Além disso, os parâmetros bioquímicos como a clorofila a, clorofila b, açúcares solúveis e a absorção de N (nitrogénio), P (fósforo) e K (potássio) na folha foram superiores em ambas as cultivares quando se utilizou a relação cocopeat: perlite de (1:3).

Balan *et al.* (2022) estudaram o efeito dos meios de cultura no crescimento da tuberosa que foi propagada através de bolbos. Foram utilizadas diferentes combinações de meios de cultura como M_1- Cocopeat + Solo vermelho (1:1 v/v), M_2- Cocopeat + Solo vermelho + Vermicomposto (2:1:1 v/v), M_3- Cocopeat + FYM + Vermicompost (2:1:1 v/v), M_4- Cocopeat + FYM (1:1 v/v), M_5- Cocopeat + Vermicompost (1:1 v/v) para o cultivo de bulbilhos de tuberosa. Observaram que várias caraterísticas de crescimento, como comprimento da folha, largura da folha, número de folhas, área da folha, comprimento da raiz, número de raízes/aglomerado, número de dias levados para 50% de brotação, percentagem de brotação, relação de peso seco de broto: raiz, percentagem de sobrevivência e vigor da planta foram superiores com a combinação de meios de cultivo Cocopeat + FYM + Vermicomposto (2:1:1).

Karaguzel, (2023) realizou uma experiência sobre a avaliação de diferentes meios de cultura no desempenho da flor de corte de duas cultivares de gladíolo (*Gladiolus grandiflorus*). O estudo envolveu diferentes meios de cultura (turfa, pedra-pomes, perlite, casca de arroz, terra, areia grossa e cocopeat) com várias composições. Observou que a combinação de meios de turfa + perlite e turfa + pedra-pomes foi superior para o crescimento e desenvolvimento do gladíolo cv. "Purple Flora" e "Ibadan".

CAPÍTULO III

MATERIAIS E MÉTODOS

A presente investigação intitulada **"Influência de diferentes condições de crescimento com meios de cultura no crescimento e rendimento de Lilium asiático"** foi realizada no viveiro ornamental, Faculdade de Horticultura, Universidade Agrícola de Anand, Anand, durante os anos 2020-21 e 2021-22.

3.1 GERAL:

3.1.1. Sítio experimental

O título da experiência "Influência de diferentes condições e meios de cultivo no crescimento e rendimento de Lilium asiático" foi conduzido no viveiro ornamental, Anand, entre setembro e abril de 2020-21 e 2021-22.

3.2 SITUAÇÃO GEOGRÁFICA

3.2.1 Localização

Ornamental Nursery, College of Horticulture, Anand Agricultural University, Anand, onde foi efectuada a investigação, situa-se a 22°-35' de latitude norte e 72°56' de longitude leste e a uma altitude de 40,1 metros acima do nível médio das águas do mar. Anand situa-se entre Ahmedabad e Vadodara, no estado indiano ocidental de Gujarat. Anand não tem aeroporto próprio, mas o aeroporto mais próximo situa-se em Vadodara, que fica a cerca de 42 km de distância. Vadodara tem boas ligações a Anand, e o transporte entre as duas cidades pode ser feito facilmente por estrada. O segundo aeroporto mais próximo de Anand é o Aeroporto Internacional Ahmedabad-Sardar Vallabhbhai Patel, situado a uma distância de cerca de 95 km. Anand tem a sua própria estação de comboios, a Estação Ferroviária de Anand, que fica a cerca de 5 km da Universidade Agrícola de Anand. A Amul Dairy, uma famosa marca de lacticínios, fica também a cerca de 4 km da Universidade Agrícola de Anand.

3.2.2 Clima e condições meteorológicas

O clima de Anand é do tipo subtropical e semi-árido. O inverno é ameno, fresco e seco, enquanto o verão é quente e seco. O verão começa por volta do fim de fevereiro e termina em meados de junho. A monção é quente e moderadamente húmida, começa no final de junho e termina em meados de setembro. Nesta região, a monção é frequentemente errática e incerta, no que respeita à precipitação total e à sua distribuição. O inverno começa em meados de outubro e prolonga-se até ao final de fevereiro. Os dados meteorológicos do site sobre a temperatura média semanal máxima e mínima, a precipitação e a humidade relativa registadas no observatório meteorológico AAU, Anand, durante o período da experiência, constam do anexo-1.

3.3 PORMENORES EXPERIMENTAIS

A experiência sobre **"Influência de diferentes condições de cultivo com meios no crescimento e rendimento de Lilium asiático"** foi realizada de setembro a abril durante o ano de 2020-21 e 2021-22.

3.3.1: Título do trabalho de investigação

"Influência de diferentes condições de cultivo com meios no crescimento e rendimento de Lilium asiático"

3.3.2	**Localização**	Viveiro Ornamental, Faculdade de Horticultura, AAU, Anand -388110
3.3.3	**Conceção experimental**	Desenho completamente aleatório (Fatorial)
3.3.4	**Cultura e variedade**	Lilium asiático cv. Litouwen
3.3.5	**Época de experiências**	outubro a abril de 2020-2021 e 2021-22
3.3.6	**N.º de bolbos por tratamento / repetição**	10 (Dez)
3.3.7	**Número de repetições**	3 (Três)
3.3.8	**Número de**	16 (Dezasseis)
3.3.9	**Número total de**	480 (Quatrocentos e oitenta)
3.3.10	**Saco de cultivo**	18 x 12 cm

Quadro 3.3.11 Pormenores do tratamento

Fator A (Condição de crescimento)	**Fator B (Meio de cultura) (base v/v)**
G_1- 75% Rede de sombra de cor verde	**M_1:** Solo: Cocopeat: Vermiculite (5:3:2)
G_2- 75% Rede de sombra de cor branca	**M_2:**Solo: Areia: FYM (4:3:3)
G_3- 75% Rede de sombra de cor preta	**M_3:** Cocopeat: Solo: Areia (5:3:2)
G_4- Condição aberta	**M_4:** Cocopeat: Vermiculite: Perlite (7:2:1)

Plate 1: General View of experiment

3.3.12 COMBINAÇÕES DE TRATAMENTOS

Tratamento Número	Código de tratamento	Combinações de tratamento
T_1	$G_1 M_1$	75% Rede de sombra de cor verde + Solo: Cocopeat: Vermiculite (5:3:2)
T_2	$G_1 M_2$	75% Cor verde Rede de sombra + Solo: Areia: FYM (4:3:3)
T_3	$G_1 M_3$	75% Cor verde Rede de sombra + Cocopeat: Solo: Areia (5:3:2)
T_4	$G_1 M_4$	75% Rede de sombra de cor verde + Cocopeat: Vermiculite: Perlite (7:2:1)
T_5	$G_2 M_1$	75% Rede de sombra de cor branca + Solo: Cocopeat: Vermiculite (5:3:2)
T_6	$G_2 M_2$	75% Cor branca Rede de sombra + Solo: Areia: FYM (4:3:3)
T_7	$G_2 M_3$	75% Rede de sombra de cor branca + Cocopeat: Solo: Areia (5:3:2)
T_8	$G_2 M_4$	75% Rede de sombra de cor branca + Cocopeat: Vermiculite: Perlite (7:2:1)

T_9	$G_3 M_1$	75% Rede de sombra de cor preta + Solo: Cocopeat: Vermiculite (5:3:2)
T_{10}	$G_3 M_2$	75% Cor preta Rede de sombra + Solo: Areia: FYM (4:3:3)
T_{11}	$G_3 M_3$	75% Rede de sombra de cor preta + Cocopeat: Solo: Areia (5:3:2)
T_{12}	$G_3 M_4$	75% Rede de sombra de cor preta + Cocopeat: Vermiculite: Perlite (7:2:1)
T_{13}	$G_4 M_1$	Condição aberta + Solo: Cocopeat: Vermiculite (5:3:2)
T_{14}	$G_4 M_2$	Condição aberta + Solo: Areia: FYM (4:3:3)
T_{15}	$G_4 M_3$	Condição aberta + Cocopeat: Solo: Areia (5:3:2)
T_{16}	$G_4 M_4$	Condição aberta + Cocopeat: Vermiculite: Perlite (7:2:1)

3.4 MATERIAIS EXPERIMENTAIS

3.4.1. Cultura e variedade experimental

A experiência foi efectuada com o Lilium asiático cv. Litouwen. O 'Litouwen' é uma variedade impressionante de lilium asiático que apresenta uma floração vibrante e exótica. A flor grande, em forma de trompete, com pétalas roxas escuras e uma garganta amarelo-alaranjada vibrante cria um belo contraste, tornando o 'Litouwen' um destaque em qualquer jardim ou arranjo floral. A combinação de cores é suscetível de chamar a atenção e dar um toque de beleza exótica ao seu ambiente. Os caules robustos garantem que as flores permanecem na vertical, mesmo em condições climatéricas adversas, enquanto um período de floração prolongado significa que pode desfrutar da beleza destes lírios durante um longo período. É uma planta herbácea perene, com uma altura que varia entre 3 e 4 pés. Esta planta prospera melhor em condições de pleno sol, mas adapta-se à sombra parcial, exibindo flores brancas vistosas e bonitas.

3.4.2. Material de plantação

A experiência foi efectuada com Lilium asiático cv. Litouwen. O bolbo de lírio foi comprado a um vendedor privado situado em Nova Deli. Depois de colhido, o bolbo de lírio necessitou de um período de dormência de 40-60 dias. O período de dormência varia consoante a cultivar e as condições de cultivo. O armazenamento dos bolbos de lírio em câmaras frigoríficas é um método para quebrar a dormência. Para o rápido aparecimento de rebentos e floração, os lírios necessitam de um tratamento a frio durante um mínimo de 10-14 semanas a uma temperatura de 20-4 ^{0}C antes da plantação.

É muito importante que a temperatura seja uniforme em toda sala de armazenamento. Mesmo pequenas diferenças podem causar danos por congelamento ou formação de rebentos. Devido a estas limitações, em ambos os anos comprámos bolbos frescos de tamanho uniforme (12/14 cm) após armazenamento a frio para a experiência, apenas um dia antes da plantação. Aqui, para a experiência, utilizámos bolbos de lírio uniformes com um tamanho de 12/14 cm. O peso médio do bolbo é de 25-35 gm.

3.4.3 Recolha de diferentes suportes

Todos os meios utilizados na experiência foram recolhidos de diferentes locais na quantidade necessária. Utilizámos 1164 kg de solo que foi recolhido na área local, 144 kg de estrume de quinta da unidade LRS AAU. 282 kg de cocopeat, 108 kg de vermiculite, 24 kg de perlite da loja local e 276 kg de areia do mercado livre.

Media	PH	CE (dS/m)	Porosidade (%)	Capacidade de retenção de água (%)
Solo	8.27	0.10	-	32.36
Cocopeat	6.2	0.50	91	76.28
Vermiculite	6.8	0.36	88	39.60
Perlite	7.2	0.005	93	71.40

3.4.4 Preparação dos meios

Foram preparados quatro níveis diferentes de meios de cultura com base no volume viz. M_1: Solo: Cocopeat: Vermiculite (5:3:2) (v/v), M_2: Solo: Areia: FYM (4:3:3) (v/v), M_3: Cocopeat: Solo: Areia (5:3:2) (v/v), M_4: Cocopeat: Vermiculite: Perlite (7:2:1) (v/v) utilizando solo de jardim disponível, FYM (estrume de quintal) adquirido na estação de investigação LRS AAU, Anand, Coco peat, Vermiculite, Perlite e areia adquiridos no mercado próximo.

3.4.5. Seleção do saco de cultivo e enchimento com meios

Utilizámos sacos de cultivo brancos de 18 x 12 cm, com uma espessura de 220 g/m2. Antes de plantar os bolbos, fizemos 10 a 12 furos em cada saco para garantir a drenagem da água em excesso. A cada combinação de meios de cultura foram atribuídos 120 sacos. Dentro de cada tratamento, foram utilizados 30 sacos, divididos em três grupos de 10 sacos cada para replicação. Foi plantado um bolbo em cada saco de cultivo, posicionado a 5-7 cm de profundidade a partir do topo, e coberto com substrato até uma altura de 3 cm.

3.4.6. Tratamento com fungicidas

Antes de plantar o bolbo de lírio, mergulhámo-lo durante 1 hora numa solução de 0,2% de Captan+ 0,2% de Benomyl.

3.4.7. Plantação de bolbos de lírio

Após a receção do material de transporte, plantámos um bolbo por saco de cultivo, utilizando várias combinações de meios de cultura (v/v) de acordo com o tratamento. Foi utilizado um total de 480 bolbos para cada ano de experiência.

3.4.8 Diferentes condições de crescimento

A experiência foi realizada em quatro condições de cultivo diferentes. Entre elas, três tratamentos, as plantas foram cultivadas num politúnel ambulante de 4,5 x 3 x 6,5 metros, coberto com redes de sombreamento de cores diferentes (verde, branca e preta), cada uma com uma intensidade de sombreamento de 75%. O crescimento, o rendimento e a produção de bolbos da Asiatic Lilium foram comparados entre estas condições e um campo aberto.

3.5 CUIDADOS POSTERIORES

A cultura foi cultivada em diferentes condições de sombreamento (75 % de sombreamento) e ao ar livre, adoptando as seguintes práticas culturais recomendadas.

3.5.1 Rega

Após a plantação do bolbo de lírio no saco de cultivo, a água foi aplicada imediatamente e repetida de acordo com o estado de humidade do meio de cultivo.

3.5.2 Deservagem

A monda manual foi efectuada sempre que necessário para o controlo das ervas daninhas no interior dos sacos.

3.5.3 Cravação de estacas

Quando a planta atingiu cerca de 25 cm de altura, foi feito o empilhamento de um único caule para cada planta. Uma estaca de madeira de cerca de 60-80 cm foi inserida cerca de 20 cm no solo e o caule do lírio foi amarrado frouxamente à estaca de madeira com fita plástica.

3.5.4. Proteção das plantas:

Não foi observada nenhuma praga grave de insectos durante os dois anos das experiências de investigação, *ou seja,* 2020-21 e 2021-22.

3.6 OBSERVAÇÕES REGISTADAS

3.6.1 Parâmetros vegetativos:

1) Dias de germinação

2) Percentagem de germinação dos bolbos

3) Altura da planta aos 30 DAS e na colheita (cm)

4) Número de folhas por planta

3.6.2 Parâmetros florais:

1) Dias após o aparecimento do primeiro gomo

2) Dias para a abertura da flor (Antese)

3) Número de flores por planta

4) Diâmetro da flor (cm)

5) Prazo de validade (dias)

3.6.3 Parâmetros de rendimento:

1) Número de bolbos por planta

2) Peso do bolbo (g)

3) Diâmetro do bolbo (cm)

4) Número de lâmpadas filhas por lâmpada

5) Diâmetro da lâmpada filha (cm)

6) Coeficiente de propagação

3.7 METODOLOGIA ADOPTADA PARA REGISTAR A OBSERVAÇÃO

3.7.1. Parâmetros vegetativos:

Para todos os parâmetros vegetativos, de um total de dez, foram selecionadas apenas cinco plantas em sacos de cultivo para cada repetição e foi calculada a média.

3.7.1.1 Dias de germinação:

O número de dias decorridos desde o dia da plantação até ao aparecimento do bolbo na superfície do solo. Foram selecionados cinco sacos de cultivo para cada repetição e foi calculada a média.

3.7.1.2 Percentagem de germinação dos bolbos

A percentagem de bolbos que brotaram foi determinada pela contagem do número de bolbos brotados em cada condição doze dias após a plantação. Um brotamento bem sucedido foi definido como a emergência de um broto saudável do bolbo.

3.7.1.3 Altura da planta aos 30 DAS e na colheita (cm):

A altura da planta foi registada desde a base do caule até à ponta do rebento principal. A altura das plantas foi registada em diferentes alturas de acordo com a experiência. Em cada fase, foram selecionadas cinco plantas de sacos de cultivo ao acaso para cada repetição e foi medida a altura de cada plântula. A altura foi medida em centímetros com uma fita métrica e a média foi calculada.

3.7.1.4 Número de folhas por planta:

O número de folhas por planta foi contado e registado. Para isso, foram selecionados cinco sacos de cultivo para cada repetição. As folhas foram contadas em números e a média foi calculada.

3.7.2 Parâmetros florais:

Para todos os parâmetros florais e de rendimento, foram selecionados restos de cinco plantas em sacos de cultivo para cada repetição e foi calculada a média.

3.7.2.1 Dias após o aparecimento do primeiro gomo:

Foi determinado o número de dias decorridos entre os dias da plantação e o aparecimento do primeiro botão de flor visível. Para isso, foram selecionadas cinco plantas em sacos de cultivo para cada repetição e foi calculada a média.

3.7.2.2 Dias necessários para a abertura da flor (Antese):

Foi determinado o número de dias decorridos desde a plantação até à abertura completa da primeira flor visível. Para isso, foram selecionadas cinco plantas em sacos de cultivo para cada repetição e foi calculada a média.

3.7.2.3 Número de flores por planta:

O número total de flores completamente desabrochadas foi contado e registado. Para isso, de cada dez sacos de cultivo, apenas cinco foram selecionados para cada repetição. As flores totalmente desabrochadas foram contadas em números e a média foi calculada.

3.7.2.4 Diâmetro da flor (cm):

O diâmetro da flor foi medido em centímetros utilizando um compasso de vernier digital na fase totalmente aberta. Para o efeito, foram selecionadas apenas cinco plantas em sacos de cultivo para cada repetição e foi calculada a média.

3.7.1.5 Prazo de validade (dias)

O tempo de conservação das flores no campo foi observado selecionando cinco plantas em sacos de cultivo para cada repetição. O número de dias foi registado a partir da data de abertura das flores até ao momento em que estas deixaram de ser adequadas como flores de corte, tendo a duração sido medida em dias e a média calculada.

3.7.3 Parâmetros de rendimento:

Para todos os parâmetros florais e de rendimento, foram selecionados restos de cinco plantas em sacos de cultivo para cada repetição e foi calculada a média.

3.7.3.1 Número de bolbos por planta:

Após a colheita da espiga de cada repetição. Na última semana de abril, quando todas as plantas tinham secado, todos os bolbos e bolbos foram limpos separadamente . Para isso, foram selecionadas apenas cinco plantas de sacos de cultivo para cada repetição. Os bolbos foram contados em números e foi calculada a média.

3.7.3.2 Peso do bolbo (g)

O peso dos bolbos (g) foi medido com a ajuda de uma balança eletrónica e expresso em gramas. Para isso, foram selecionadas apenas cinco plantas em sacos de cultivo para cada repetição e foi calculado o peso médio.

3.7.3.3 Diâmetro do bolbo (cm)

O diâmetro do bolbo foi medido em centímetros com um compasso de vernier digital, depois de o bolbo ter sido retirado do solo. Para isso, foram selecionadas cinco plantas em sacos de cultivo para cada repetição e foi calculada a média.

3.7.3.4 Número de bolbos-filha por bolbo

Após a colheita da espiga de cada repetição. Na última semana de maio, quando todas as plantas tinham secado sequencialmente, todos os bolbos e bolbilhos foram limpos separadamente. Para isso, foram selecionadas apenas cinco plantas em sacos de cultivo para cada repetição. Os bolbos foram contados em números e a média foi calculada.

3.7.3.5 Diâmetro do bolbo-filho (cm)

O diâmetro do bolbo-filho foi medido em centímetros, utilizando um compasso de vernier digital, depois de retirados os bolbos do solo. Para tal, foram selecionadas cinco plantas em sacos de cultivo para cada repetição e foi calculada a média.

3.7.3.6 Coeficiente de propagação

O coeficiente de propagação das plantas (%) é a relação entre o peso total do bolbo e do bolbo-filho produzidos e o peso do bolbo plantado, multiplicado por 100, e depois foi calculado e analisado.

3.8 ANÁLISE ESTATÍSTICA

Os dados recolhidos para as diferentes observações são sujeitos à análise estatística da técnica de variância, tal como descrita por Panse e Sukhatme (1967). Os métodos de análise de variância serão CRD (Fatorial) e as médias dos tratamentos de todos os caracteres estudados são comparadas através da diferença crítica a um nível de significância de 5%, utilizando o teste F. A percentagem de V.C. também será comparada.

CAPÍTULO IV
RESULTADOS E DISCUSSÃO

A presente investigação intitulada "INFLUÊNCIA DE DIFERENTES CONDIÇÕES DE CRESCIMENTO COM MEIOS NO CRESCIMENTO E RENDIMENTO DO LÍRIO ASIÁTICO" conduzida na faculdade de Horticultura, Universidade Agrícola de Anand, Anand, Gujarat durante ano 2020-21 e 2021-22. Os dados registrados durante o curso da investigação em relação a vários parâmetros vegetativos, de floração e de rendimento foram submetidos à análise estatística usando um projeto completamente randomizado com conceito fatorial. Os resultados e a discussão, juntamente com as inferências estatísticas efectuadas, são apresentados sob diferentes títulos neste capítulo.

4.1 PARÂMETROS VEGETATIVOS

4.1.1 Dias necessários para a germinação do bolbo

Os dados obtidos em relação ao número de dias necessários para a germinação do bolbo de lírio influenciado por diferentes condições de cultivo, meios de cultivo e o seu efeito de interação durante os anos 2020-21, 2021-22 e análise conjunta foram apresentados no Quadro 4.1.

4.1.1.1 Efeito de diferentes condições de cultivo

Os dados relativos aos dias necessários para a germinação foram significativamente influenciados pelas diferentes condições de cultivo durante ambos os anos, bem como na análise conjunta (Tabela 4.1). O número significativamente mínimo de dias necessários para a germinação do bolbo (5,13, 5,23 e 5,18, respetivamente) foi observado em 75% de rede de sombra preta (G_3) durante ambos os anos e na análise conjunta. Enquanto que o número máximo de dias necessários para a germinação do bolbo (10.13, 10.38 e 10.26, respetivamente) foi observado no tratamento $G_{(4)}$, *isto é,* condição aberta durante ambos os anos e análise conjunta. O resultado indica que a condição aberta leva quase o dobro do tempo do que as diferentes condições de rede de sombra.

Em condições de rede de sombra, durante o início do inverno, desenvolve-se uma humidade mais elevada e uma temperatura amena, ao passo que em condições ao ar livre, a temperatura é ligeiramente mais elevada e a humidade mais baixa, o que resulta numa germinação tardia.

4.1.1.2 Efeito do meio de cultura

É evidente, a partir dos dados apresentados no Quadro 4.1, que existe uma diferença significativa no número de dias necessários para a germinação, influenciada pelos diferentes meios de cultura. Um número significativamente mais baixo de dias para a germinação do bolbo (5.73, 5.98 e 5.86, respetivamente) foi registado no tratamento M_4 Cocopeat: Vermiculite: Perlita (7:2:1) durante ambos anos e análise conjunta. Considerando que, o número máximo de dias para a germinação do bolbo (7,28, 7,42, e 7,35, respetivamente) foi registado na combinação de meios Solo: Areia: FYM (4:3:3) M_2 em ambos os anos e na análise conjunta.

Isso pode ser atribuído ao fato de que o cocopeat emendado com vermiculita e perlita resultou em ótima porosidade e aeração, proporcionando condições favoráveis para o crescimento de brotos tenros e favorecendo a brotação precoce. A brotação precoce em meio à base de cocopeat foi relatada por Lyngdoh *et al.* (2015) durante a propagação em escala em lilium. Também foi observada uma melhor germinação do bolbo de amaryllis belladonna em meio contendo composto de cogumelos em comparação com o controlo Bostan *et al.* (2014). Descobertas semelhantes foram observadas por Rajera *et al.* (2017) no lírio híbrido LA.

Tabela 4.1: Efeito de diferentes condições de cultivo e meios de cultivo nos dias necessários para a germinação do bolbo em Lilium asiático

Tratamento		Dias necessários para a germinação		
		2020-21	2021-22	agrupados
Estado de crescimento				
G_1	**75% Rede de sombra de cor verde**	5.82	5.98	5.90
G_2	**75% Rede de sombra de cor branca**	5.52	5.62	5.57
G_3	**75% Rede de sombra de cor preta**	5.13	5.23	5.18
G_4	**Condição aberta**	10.13	10.38	10.26
	S. Em. ±	0.08	0.13	0.08
	C.D.a 5 %	0.24	0.37	0.22
Media				
M_1	**Solo: Cocopeat: Vermiculite (5:3:2)**	6.62	6.73	6.68
M_2	**Solo: Areia: FYM (4:3:3)**	7.28	7.42	7.35
M_3	**Cocopeat: Solo: Areia (5:3:2)**	6.97	7.08	7.03
M_4	**Cocopeat: Vermiculite: Perlite (7:2:1)**	5.73	5.98	5.86
	S. Em. ±	0.08	0.13	0.08
	C.D.a 5 %	0.24	0.37	0.22
	Ano	-	-	NS
	Interação significativa	-	-	-
	C.V.%	4.41	6.59	5.63

4.1.1.3. Efeito de interação

Os dados apresentados no Quadro 4.1 indicam que a interação entre Y x G, Y x M, GxM e Y x G x M não mostrou qualquer efeito significativo no número de dias necessários para a germinação do bolbo de lírio durante ambos os anos e na análise conjunta (Quadro 4.1).

4.1.2. Percentagem de germinação dos bolbos

É evidente a partir dos dados apresentados no Quadro 4.2 que, durante a experiência, o material de plantação foi recolhido de fontes reputadas, com tamanho uniforme preparado por cultura de tecidos, tendo sido observada a germinação de cem por cento dos bolbos em todas as combinações de tratamento com as três repetições durante os dois anos. Por conseguinte, a análise estatística e a interpretação dos dados não são efectuadas.

Quadro 4.2 : Efeito de diferentes condições de cultivo e meios de cultivo na germinação de bolbo de Lilium asiática

Tratamento		Brotação do bolbo (%)		
		2020-21	2021-22	Agrupado
Estado de crescimento				
G_1	75% Rede de sombra de cor verde	100	100	100
G_2	75% Rede de sombra de cor branca	100	100	100
G_3	75% Rede de sombra de cor preta	100	100	100
G_4	Condição aberta	100	100	100
Media				
M_1	Solo: Cocopeat: Vermiculite (5:3:2)	100	100	100
M_2	Solo: Areia: FYM (4:3:3)	100	100	100
M_3	Cocopeat: Solo: Areia (5:3:2)	100	100	100
M_4	Cocopeat: Vermiculite: Perlite (7:2:1)	100	100	100

Tabela 4.3: Efeito de diferentes condições de cultivo e meios de cultivo na altura da planta aos 30 DAS de Asiatic Lilium

Tratamento		Altura da planta aos 30 DAS (cm)		
		2020-21	2021-22	Agrupado
Estado de crescimento				
G_1	75% Rede de sombra de cor verde	37.12	36.82	36.97
G_2	75% Rede de sombra de cor branca	35.97	35.58	35.78
G_3	75% Rede de sombra de cor preta	36.68	36.30	36.49
G_4	Condição aberta	27.08	26.40	26.74
	S. Em. ±	0.29	0.33	0.22
	C.D.a 5 %	0.83	0.95	0.62
Media				

M_1	**Solo: Cocopeat: Vermiculite (5:3:2)**	35.40	34.87	35.13
M_2	**Solo: Areia: FYM (4:3:3)**	28.18	27.80	27.99
M_3	**Cocopeat: Solo: Areia (5:3:2)**	32.93	32.62	32.78
M_4	**Cocopeat: Vermiculite: Perlite (7:2:1)**	40.33	39.82	40.08
	S. Em. ±	0.29	0.33	0.22
	C.D.a 5 %	0.83	0.95	0.62
	Ano	-	-	Sig.
	Interação significativa	G x M	G x M	G x M
	C.V.%	2.92	3.38	3.16

4.1.3 Altura da planta aos 30 DAS (cm)

Os dados relativos à altura da planta aos 30 dias após a sementeira, influenciada por diferentes condições de cultivo, meios de cultivo e o seu efeito de interação, são apresentados nos quadros 4.3 e 4.3.1.

4.1.3.1 Efeito de diferentes condições de cultivo

Os dados relativos à altura da planta aos 30 dias após a sementeira (DAS) são apresentados no Quadro 4.3, que indica que houve diferenças significativas em função das diferentes condições de cultivo. Entre as diferentes condições de cultivo, o tratamento com rede de sombra verde a 75% (G_1) registou a altura máxima das plantas (37,12, 36,82 e 36,97 cm respetivamente) durante ambos os anos e análise conjunta, que foi igual ao tratamento (G_3) durante ambos os anos e análise conjunta. Considerando que, a altura mínima da planta aos 30 DAS (27.08, 26.40 e 26.74 cm respetivamente) foi observada no tratamento G_4 (condição aberta) durante ambos os anos e análise conjunta. A altura da planta aumenta devido aos entrenós mais longos, as plantas respondem alongando os seus caules. Este alongamento é desencadeado pela diminuição da relação R: FR, que ocorre como resultado do sombreamento, e é mediado pela sinalização baseada em fitocromos (Wang *et al.*2015). Resultados semelhantes foram observados por Zhang *et al.*(2011),Pierik *et al.*(2004), Millenaar *et al.*(2009), Keller *et al.*(2011),Quail *et al.*(1995), Ahmad e Cashmore, (1996), Batschauer, (1998), Christie e Jenkins, (1996).A altura mínima das plantas e o menor número de folhas em campo aberto podem ser devidos à temperatura elevada, que é o principal regulador dos processos de desenvolvimento. Uma temperatura mais elevada tem um efeito mais adverso na fotossíntese líquida do que uma temperatura mais baixa, levando a uma diminuição da produção de fotossintatos acima de uma determinada temperatura (Reddy *et al.* 1999). Resultados semelhantes foram observados por Fatmi *et al.* (2018) em lírio asiático. Chakradhar *et al.* (2023) em diferentes plantas ornamentais, Stamps e Chandler (2008) em Aspidistra elatior, Nesi *et al.* (2013) em *Hydrangea.* Diaz-Perez e John (2019) em Bel peeper e Gaurav *et al.* (2016) em Dracaena e Gaurav *et al.*(2016) em Cordyline. Taiz e Zeiger, (2002), Stamps (2009).

4.1.3.2 Efeito do meio de cultura

Os dados relativos à altura da planta aos 30 dias após a semeadura (DAS) foram considerados significativos, conforme condenado por diferentes meios de cultivo são apresentados na Tabela 4.3. Significativamente a altura máxima da planta aos 30 dias após a semeadura (40.33, 39.82 e 40.08cm, respetivamente) foi observada no tratamento (M_4)Cocopeat: Vermiculite: Perlita (7:2:1) durante ambos os anos e análise conjunta. Considerando que, a altura mínima da planta aos 30 dias após a sementeira (28,18, 27,80 e 27,99 cm, respetivamente) foi registada no tratamento (M_2) Solo: Areia: FYM (4:3:3)durante ambos os anos e análise conjunta. Isso pode ser devido à boa capacidade de retenção de água e drenagem adequada dos meios contendo cocopeat e vermiculita com solo ou perlita, que proporcionam melhores condições para o desenvolvimento das raízes e produzem um sistema radicular longo. Estes resultados estão em estreita conformidade com Nazari *et al.*(2011) em jacinto, Thumar *et al.*(2020) em rosa, Arunesh *et al.*(2020) em gerbera, Mehmood *et al.*(2013) e Kumar *et al.*(2023) em antirrhinum. Chaudhry *et al.* (2018) e Seyedi *et al.*(2012)em lilium e Treder (2008) em lírio oriental.

Quadro 4.3.1: Efeito de interação de diferentes condições de cultivo e meios de cultivo

na altura da planta aos 30DAS de Asiatic Lilium

Estado de crescimento (G) / Meio de cultura (M)	Altura da planta aos 30 DAS (cm)			
	75% Rede de sombra de cor verde (G_1)	75% Rede de sombra de cor branca (G_2)	75% Rede de sombra de cor preta (G_3)	Condição aberta (G_4)
2020-21				
M_1 :Solo: Cocopeat: Vermiculite (5:3:2)	38.53	38.20	38.33	26.53
M_2 :Solo: Areia: FYM (4:3:3)	29.60	29.33	29.47	24.33
M_3 :Cocopeat: Solo: Areia (5:3:2)	35.87	34.73	34.87	26.27
M_4 :Cocopeat: Vermiculite: Perlite (7:2:1)	44.47	41.60	44.07	31.20
S. Em. ±	0.58			

C.D.a 5 %	1.66			
2021-22				
M_1 :Solo: Cocopeat: Vermiculite (5:3:2)	38.47	37.60	37.73	25.67
M_2 :Solo: Areia: FYM (4:3:3)	29.13	29.13	28.93	24.00
M_3 :Cocopeat: Solo: Areia (5:3:2)	35.67	34.60	34.60	25.60
M_4 :Cocopeat: Vermiculite: Perlite (7:2:1)	44.00	41.00	43.93	30.33
S.Em.-	0.66			
CD a 5%	1.90			
Agrupado				
M_1 :Solo: Cocopeat: Vermiculite (5:3:2)	38.50	37.90	38.03	26.10
M_2 :Solo: Areia: FYM (4:3:3)	29.37	29.23	29.20	24.17
M_3 :Cocopeat: Solo: Areia (5:3:2)	35.77	34.67	34.73	25.93
M_4 :Cocopeat: Vermiculite: Perlite (7:2:1)	44.23	41.30	44.00	30.77
S. Em. ±	0.44			
C.D.a 5 %	1.24			

4.1.3.3 Efeito de interação

A interação entre diferentes condições de cultivo (G) e meios de cultivo (M) foi considerada significativa (Quadro 4.3.1). Os resultados mostraram que significativamente a altura máxima da planta aos 30 DAS (44.47, 44.00 e 44.23 cm, respetivamente) foi registada na combinação de tratamento G_1M_4 [75% Rede de sombra de cor verde +Cocopeat: Vermiculite: Perlite (7:2:1)] durante ambos os anos e análise conjunta, que foi a par com a combinação de tratamento G_3M_4 durante ambos os anos e análise conjunta. A altura mínima da planta aos 30 DAS (24.33, 24.00 e 24.17 cm, respetivamente) foi observada na combinação de tratamento G_4M_2 [Condição aberta +Solo: Areia: FYM (4:3:3)] durante ambos os anos e análise conjunta.

Os dados apresentados no quadro 4.3.1 indicam que a interação entre Y x G, Y x M e Y x G x M não revelou qualquer efeito significativo.

Tabela 4.4: Efeito de diferentes condições de cultivo e meios de cultivo na planta altura na colheita de Lilium asiática

Tratamento	Altura da planta na colheita (cm)

		2020-21	2021-22	agrupa dos
Estado de crescimento				
G_1	**75% Rede de sombra de cor verde**	72.85	72.17	72.51
G_2	**75% Rede de sombra de cor branca**	70.55	70.08	70.32
G_3	**75% Rede de sombra de cor preta**	71.70	71.32	71.51
G_4	**Condição aberta**	42.17	41.40	41.78
	S. Em. ±	0.54	0.48	0.36
	C.D.a 5 %	1.54	1.37	1.01
Media				
M_1	**Solo: Cocopeat: Vermiculite (5:3:2)**	67.63	67.05	67.34
M_2	**Solo: Areia: FYM (4:3:3)**	53.23	52.57	52.90
M_3	**Cocopeat: Solo: Areia (5:3:2)**	64.47	63.67	64.07
M_4	**Cocopeat: Vermiculite: Perlite (7:2:1)**	71.93	71.68	71.81
	S. Em. ±	0.54	0.48	0.36
	C.D.a 5 %	1.54	1.37	1.01
	Ano	-	-	Sig.
	Interação significativa	G x M	G x M	G x M
	C.V.%	2.88	2.59	2.74

4.1.4 Altura da planta na colheita (cm)

Os dados relativos à altura da planta na colheita, influenciados por diferentes condições de cultivo, diferentes meios de cultivo e efeito de interação durante os anos 2020- 21,2021-22 e análise conjunta foram apresentados no Quadro 4.4, 4.4.1 e representados graficamente na Fig 4.1.

4.1.4.1 Efeito de diferentes condições de cultivo

Os dados apresentados na Tabela 4.4 revelam que há uma diferença significativa na altura da planta na colheita em função das diferentes condições de cultivo. Foi observada uma altura máxima significativa das plantas na colheita (72,85, 72,17 e 72,51 cm, respetivamente) no tratamento G_1 (75 % de rede de sombra verde) em ambos os anos e na análise conjunta. Enquanto que, estatisticamente, foi igual ao G_3 durante ambos os anos e análise conjunta. A altura mínima das plantas (42,17, 41,40 e 41,78 cm, respetivamente) na colheita foi registada no tratamento em condições abertas durante ambos os anos e na análise conjunta. Tal pode dever-se ao facto de as redes de sombra coloridas poderem dispersar e refletir a radiação luminosa recebida e filtrar diferentes componentes espectrais da radiação solar (Shahak *et al.* 2008). A rede de sombra afecta não só a quantidade de luz recebida pelas plantas, mas também outras condições microambientais, como a temperatura, a humidade e os níveis de dióxido de carbono (co_2) (Hou *et al.* 2018). Resultados semelhantes foram também encontrados por Austerman *et al.*(2023) em pansy e Shahak *et al.*(2002) em aralia. As redes de sombra verde modificam a qualidade espetral da luz, aumentando a relação entre a luz vermelha e a luz vermelha distante, que é crucial para regular o crescimento das plantas através do sistema fitocromo. Isto promove o alongamento do caule e a expansão das folhas, factores-chave para o aumento da altura das plantas.

4.1.4.2 Efeito do meio de cultura

É evidente, a partir dos dados apresentados na Tabela 4.4, que houve diferenças significativas na altura da planta na colheita, conforme condenado por diferentes meios de cultivo. A altura máxima da planta (71.93, 71.68 e 71.81cm, respetivamente) na colheita foi observada no tratamento (M_4) Cocopeat: Vermiculita: Perlita (7:2:1) durante ambos anos e análise conjunta. Considerando que, a menor altura de planta (53.23, 52.27 e 52.90 cm, respetivamente) na colheita foi observada no tratamento (M_2) Solo: Areia: FYM (4:3:3) indicam a menor altura de planta na colheita durante ambos os anos e análise conjunta.

A melhoria dos traços vegetativos pode ser atribuída à capacidade adequada de retenção de água e à drenagem correta dos meios que contêm cocopeat e vermiculite, quer com solo quer com perlite, que proporcionam melhores condições para o desenvolvimento das raízes e a produção de um sistema radicular longo. Estes resultados estão em estreita conformidade com Nazari *et al.*(2011) em jacinto, Thumar *et al.*(2020) em rosa, Arunesh *et al.*(2020) em gerbera, Mehmood *et al.*(2013) e Kumaret *al.*(2023) em antirrhinum. Chaudhry *et al.*(2018) e Seyedi *et al.*(2012) em lilium e Treder (2008) em lírio oriental.

4.1.4.3 Efeito de interação

A interação entre diferentes condições de cultivo (G) e meios de cultivo (M) foi considerada significativa (Quadro 4.4.1). Significativamente a altura máxima da planta na colheita (82.53, 82.07 e 82.30 cm, respetivamente) foi registada na combinação de tratamento G_1M_4 [75% Rede de sombra de cor verde +Cocopeat: Vermiculite: Perlite (7:2:1)] durante ambos os anos e análise conjunta, que foi a par com a combinação de tratamento G_3M_4 durante ambos os anos e análise conjunta. A altura mínima da planta na colheita (39,07, 38,47 e 38,77 cm, respetivamente) foi observada na combinação de tratamento G_4M_2 [Condição aberta +Solo: Areia: FYM (4:3:3)] durante ambos os anos e análise agrupada, que foi igual à combinação de tratamento G_4M_3 [Condição aberta +Cocopeat: Solo: Areia (5:3:2)].

A interação entre Y x G, Y x M e Y x G x M não apresentou qualquer efeito significativo na altura da planta na colheita (Quadro 4.4.1).

Quadro 4.4.1: Efeito de interação de diferentes condições de cultivo e meios de cultivo
na altura da planta aquando da colheita de Lilium asiática

Estado de crescimento (G) / Meios de cultura (M)	Altura da planta na colheita (cm)			
	75% Rede de sombra de cor verde (G_1)	**75% Rede de sombra de cor branca (G_2)**	**75% Rede de sombra de cor preta (G_3)**	**Condição aberta (G_4)**
2020-21				
M_1 :Solo: Cocopeat: Vermiculite (5:3:2)	75.93	74.73	76.40	43.47
M_2 :Solo: Areia: FYM (4:3:3)	58.60	57.47	57.80	39.07
M_3 :Cocopeat: Solo: Areia (5:3:2)	74.33	71.33	71.93	40.27
M_4 :Cocopeat: Vermiculite: Perlite (7:2:1)	82.53	78.67	80.67	45.87
S. Em. ±	**1.07**			
C.D.a 5 %	**3.08**			
2021-22				
M_1 :Solo: Cocopeat: Vermiculite (5:3:2)	75.33	74.20	75.93	42.73
M_2 :Solo: Areia: FYM (4:3:3)	58.07	56.87	56.87	38.47
M_3 :Cocopeat: Solo: Areia (5:3:2)	73.20	71.20	71.07	39.20
M_4 :Cocopeat: Vermiculite: Perlite (7:2:1)	82.07	78.07	81.40	45.20
S. Em. ±	**0.95**			
C.D.a 5 %	**2.74**			
Agrupado				
M_1 :Solo: Cocopeat: Vermiculite (5:3:2)	75.63	74.47	76.17	43.10
M_2 :Solo: Areia: FYM (4:3:3)	58.33	57.17	57.33	38.77
M_3 :Cocopeat: Solo: Areia (5:3:2)	73.77	71.27	71.50	39.73
M_4 :Cocopeat: Vermiculite: Perlite (7:2:1)	82.30	78.37	81.03	45.53
S. Em. ±	**0.72**			
C.D.a 5 %	**2.02**			

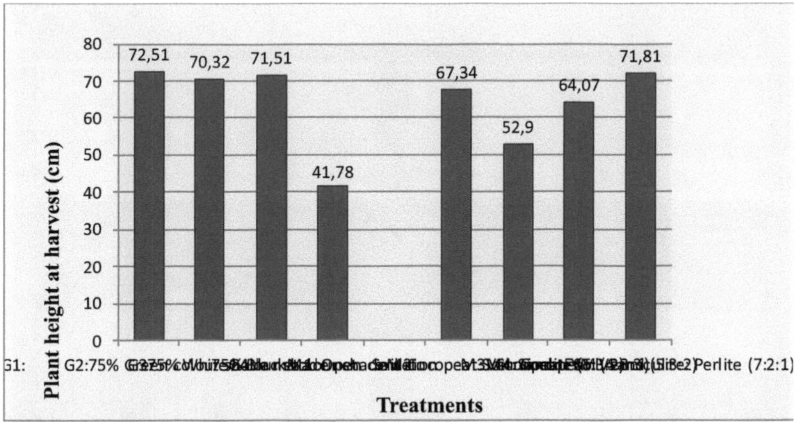

Fig 4.1 : Efeito de diferentes condições de cultivo e meios de cultivo na altura da planta colheita (cm) de Lilium asiática

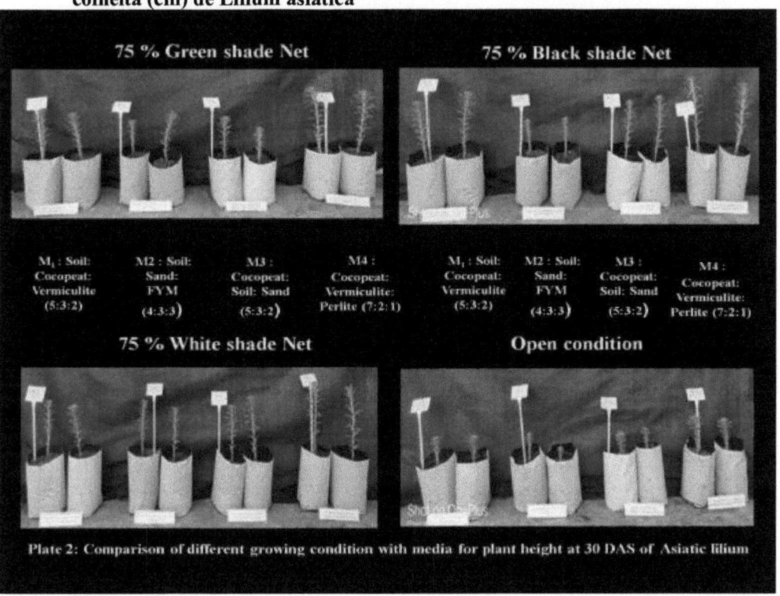

Plate 2: Comparison of different growing condition with media for plant height at 30 DAS of Asiatic lilium

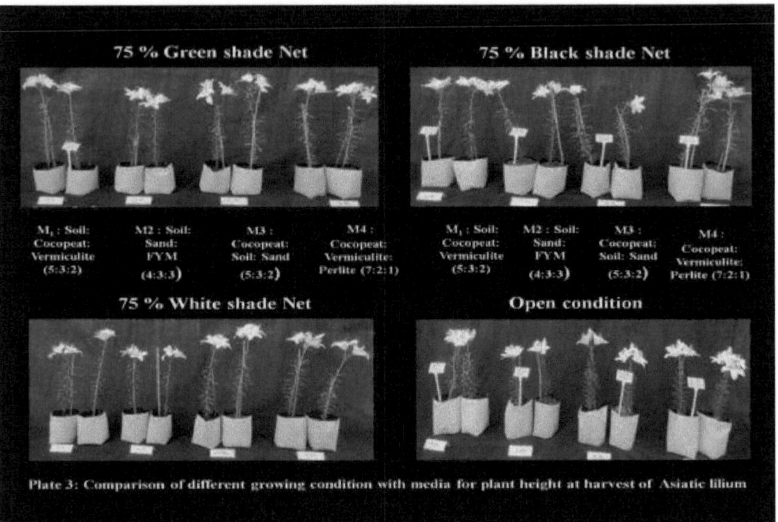

Plate 3: Comparison of different growing condition with media for plant height at harvest of Asiatic lilium

4.1.5 Número de folhas por planta

Os dados obtidos relativamente ao número de folhas por planta em lilium influenciado por diferentes condições de cultivo, meios de cultivo e o seu efeito de interação durante os anos 2020-21, 2021-22 e análise conjunta foram apresentados no Quadro 4.5.

Quadro 4.5: Efeito de diferentes condições de cultivo e meios de cultivo no número de folhas por planta em Asiatic Lilium

Tratamento		Número de folhas		
		2020-21	2021-22	Agrupado
Estado de crescimento				
G_1	**75% Rede de sombra de cor verde**	73.15	72.15	72.65
G_2	**75% Rede de sombra de cor branca**	70.52	70.05	70.28
G_3	**75% Rede de sombra de cor preta**	71.42	70.67	71.04
G_4	**Condição aberta**	44.35	43.73	44.04
	S. Em. ±	0.62	0.59	0.43
	C.D.a 5 %	1.79	1.69	1.21
Media				
M_1	**Solo: Cocopeat: Vermiculite (5:3:2)**	67.20	66.22	66.71
M_2	**Solo: Areia: FYM (4:3:3)**	55.48	54.95	55.22
M_3	**Cocopeat: Solo: Areia (5:3:2)**	65.20	64.67	64.93
M_4	**Cocopeat: Vermiculite: Perlite (7:2:1)**	71.55	70.77	71.16
	S. Em. ±	0.62	0.59	0.43
	C.D.a 5 %	1.79	1.69	1.21
	Ano	-	-	Sig.
	Interação significativa	G x M	G x M	G x M
	C.V.%	3.32	3.17	3.24

4.1.5.1 Efeito de diferentes condições de cultivo

Os dados apresentados na Tabela 4.5 revelam claramente que houve diferenças significativas no número de folhas por planta, influenciadas pelas diferentes condições de cultivo. O número máximo de folhas por planta foi encontrado (73,15, 72,15 e 72,65, respetivamente) com o tratamento G_1, *ou seja,* 75% de sombra verde durante os dois anos e a análise conjunta, que foi igual ao tratamento G_3 durante o ano 2020-21 e 2021-22. Considerando que, o número mínimo de folhas por planta (44,35, 43,73 e 44,04, respetivamente) observado em condição aberta (G_4)tratamento durante os dois anos e análise conjunta. O número de folhas foi máximo em condições de sombra verde. Isto pode dever-se ao facto de, sob sombra, ocorrer um crescimento mais rápido devido a condições de crescimento adequadas, como temperatura e humidade, com uma área de superfície de radiação ideal para o processo de fotossíntese. Resultados semelhantes foram observados por Gaurav *et al.* (2016) em dracaena, Smita *et al.* (2007) em lírio.

4.1.5.2Efeito do meio de cultura

Os dados de leitura apresentados na Tabela 4.5 indicam claramente que houve diferenças significativas influenciadas pelos diferentes meios de cultivo. O número máximo de folhas por planta (71.55, 70.77 e 71.16, respetivamente) foi observado no tratamento M_4 Cocopeat: vermiculite: Perlite (7:2:1) durante ambos os anos e análise conjunta. Considerando que, o número mínimo de folhas por planta (55.48, 54.95 e 55.22, respetivamente) foi observado no tratamento (M_2) Solo: Areia: FYM (4:3:3) em ambos os anos e na análise conjunta.

Isto pode dever-se ao facto de o meio de cultura específico proporcionar um fornecimento equilibrado de nutrientes, garantindo uma nutrição óptima das plantas e promovendo o desenvolvimento das folhas. A combinação de cocopeat, vermiculite e perlite oferece um ambiente favorável ao crescimento das raízes e à absorção de nutrientes, resultando num aumento da produção foliar. Além disso, as propriedades físicas melhoradas dos suportes, tais como uma maior retenção de água e arejamento, apoiam um sistema radicular saudável, permitindo uma absorção eficiente de nutrientes e a subsequente formação de folhas. A disponibilidade equilibrada de nutrientes, juntamente com o melhor desenvolvimento das raízes, contribui para o maior número de folhas por planta na variedade de lírio oriental cultivada nos meios especificados. Os resultados da presente investigação estão em conformidade com o relatório de Chaudhry *et al.*(2018) e Seyedi *et al.*(2012), em lírio, Treder (2008) em lírio-oriental, Lalmuanpuiiet *al.*(2021) em gerbera; Balan *et al.*(2022) em tuberosa.

4.1.5.3 Efeito de interação

A interação entre as diferentes condições de cultivo (G) e os meios de cultivo (M) teve um efeito significativo (Quadro 4.5.1)..33, 78.93 e 79.63, respetivamente, foram observados em G_1M_4 [75% Rede de sombra de cor verde +Cocopeat: Vermiculite: Perlite (7:2:1)] durante ambos os anos e análise conjunta, que foi igual a G_2M_4 e G_3M_4 combinação de tratamento durante o segundo ano e análise conjunta. O número mínimo de folhas por planta, *ou seja*, 40,80, 40,53 e 40,67, respetivamente, foi registado na combinação de tratamentos G_4M_2 [Condição aberta +Solo: Areia: FYM (4:3:3)] durante ambos os anos e análise conjunta, que foi igual à combinação de tratamentos G_4M_3 [Condição aberta +Cocopeat: Solo: Areia (5:3:2)] no ano 2020-21 e 2021-22.

A interação entre Y x G, Y x M e Y x G x M não mostrou qualquer efeito significativo (Quadro 4.5.1).

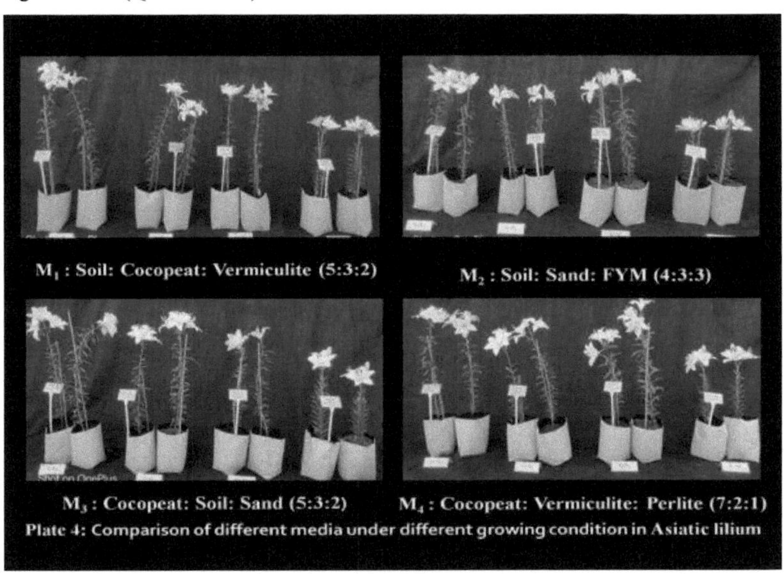

Plate 4: Comparison of different media under different growing condition in Asiatic lilium

Quadro 4.5.1: Efeito de interação de diferentes condições de cultivo e meios de cultivo sobre o número de folhas de Lilium asiática

	Número de folhas

Estado de crescimento (G) Meio de cultura (M)	75% Rede de sombra de cor verde (G_1)	75% Rede de sombra de cor branca (G_2)	75% Rede de sombra de cor preta (G_3)	Condição aberta (G_4)
2020-21				
M_1 :Solo: Cocopeat: Vermiculite (5:3:2)	76.70	73.07	74.13	44.47
M_2 :Solo: Areia: FYM (4:3:3)	60.87	59.80	60.47	40.80
M_3 :Cocopeat: Solo: Areia (5:3:2)	74.27	71.00	71.93	43.60
M_4 :Cocopeat: Vermiculite: Perlite (7:2:1)	80.33	78.20	79.13	48.53
S. Em. ±	1.24			
C.D.a 5 %	3.58			
2021-22				
M_1 :Solo: Cocopeat: Vermiculite (5:3:2)	75.53	72.13	73.67	43.53
M_2 :Solo: Areia: FYM (4:3:3)	60.13	59.27	59.87	40.53
M_3 :Cocopeat: Solo: Areia (5:3:2)	74.00	70.60	70.93	43.13
M_4 :Cocopeat: Vermiculite: Perlite (7:2:1)	78.93	78.20	78.20	47.73
S. Em. ±	1.17			
C.D.a 5 %	3.38			
Agrupado				
M_1 :Solo: Cocopeat: Vermiculite (5:3:2)	76.33	72.60	73.90	44.00
M_2 :Solo: Areia: FYM (4:3:3)	60.50	59.53	60.17	40.67
M_3 :Cocopeat: Solo: Areia (5:3:2)	74.13	70.80	71.43	43.37
M_4 :Cocopeat: Vermiculite: Perlite (7:2:1)	79.63	78.20	78.67	48.13
S. Em. ±	0.85			
C.D.a 5 %	2.41			

4.2 EFEITO NOS PARÂMETROS DE FLORAÇÃO

4.2.1 Dias decorridos até ao aparecimento do primeiro gomo

4.2.1 Dias decorridos até ao aparecimento do primeiro gomo

Os dados relativos ao número de dias necessários para o aparecimento de botões em lilium, influenciados por diferentes condições de cultivo, meios de cultivo e seu efeito de interação durante os anos 2020-21, 2021-22 e análise conjunta foram apresentados no Quadro 4.6.

Tabela: 4.6: Efeito de diferentes condições de cultivo e meios de cultivo nos dias para o aparecimento do primeiro botão em Asiatic Lilium

Tratamento		Dias decorridos até ao aparecimento do primeiro gomo		
		2020-21	2021-22	Agrupado
Estado de crescimento				
G_1	75% Rede de sombra de cor verde	24.88	24.55	24.72
G_2	75% Rede de sombra de cor branca	24.52	24.25	24.38
G_3	75% Rede de sombra de cor preta	24.28	23.90	24.09
G_4	Condição aberta	31.32	30.93	31.13
	S. Em. ±	0.25	0.25	0.18
	C.D.a 5 %	0.73	0.71	0.50
Meios de cultura				
M_1	Solo: Cocopeat: Vermiculite (5:3:2)	25.33	25.05	25.19
M_2	Solo: Areia: FYM (4:3:3)	28.03	27.53	27.78
M_3	Cocopeat: Solo: Areia (5:3:2)	27.05	26.80	26.93
M_4	Cocopeat: Vermiculite: Perlite (7:2:1)	24.58	24.25	24.42
	S. Em. ±	0.25	0.25	0.18
	C.D.a 5 %	0.73	0.71	0.50
	Ano	-	-	NS
	Interação significativa	-	-	-
	C.V.%	3.36	3.29	3.32

4.2.1.1 Efeito de diferentes condições de cultivo

Os dados relativos ao número de dias levados para o aparecimento do primeiro broto foram apresentados na Tabela 4.6, indicando que houve diferenças significativas influenciadas pelas diferentes condições de cultivo. O número mínimo de dias para o aparecimento do primeiro botão foi observado no tratamento G_3, *ou seja,* 75% de sombra preta (24,28, 23,90 e 24,09, respetivamente) durante os dois anos e na análise conjunta, que foi igual ao tratamento G_1 nos anos 2020-21, 2021-22 e no tratamento G_2 durante os dois anos e na análise conjunta. Por outro lado, o número máximo de dias necessários para o aparecimento do primeiro botão (31,32, 30,93 e 31,13, respetivamente) foi observado no tratamento em condição aberta (G_4) durante os dois anos e a análise conjunta.

Isto pode dever-se ao facto de as redes de sombra negra criarem um microambiente ideal, regulando a temperatura, a intensidade da luz e a humidade, ao mesmo tempo que reduzem as tensões ambientais e melhoram os equilíbrios hormonais. Estas condições promovem coletivamente uma iniciação mais rápida dos gomos, melhorando os processos fisiológicos necessários para o desenvolvimento dos mesmos.

4.2.1.2 Efeito do meio de cultura

Os dados relacionados aos dias levados para o aparecimento do primeiro broto na Tabela 4.6 foram significativamente influenciados por diferentes meios de cultivo. Um número significativamente mínimo de dias para o aparecimento do primeiro botão (24,58, 24,25 e 24,42, respetivamente) foi observado no tratamento (M_4) Cocopeat: Vermiculita: Perlita (7:2:1) em ambos os anos e na análise conjunta. Considerando que, o número máximo de dias para o aparecimento do primeiro broto (28.03, 27.53 e 27.78, respetivamente) foi observado no tratamento (M_2) Solo: Areia: FYM (4:3:3) em ambos os anos e na análise conjunta.

Pode dever-se ao facto de a combinação de cocopeat, vermiculite e perlite criar um substrato bem equilibrado e rico em nutrientes, promovendo um desenvolvimento ótimo das raízes e uma absorção eficiente dos nutrientes. A maior disponibilidade de nutrientes e a retenção equilibrada de humidade nos suportes estimulam a iniciação e o desenvolvimento precoce dos rebentos. Além disso, as propriedades melhoradas de aeração e drenagem do substrato evitam o encharcamento e proporcionam um ambiente ideal para uma floração precoce. O fornecimento optimizado de nutrientes, a gestão da humidade e o desenvolvimento das raízes no meio de cultura especificado contribuem para a floração precoce do lírio cultivado neste meio de cultura. Estes resultados da presente investigação estão em conformidade com o relatório de Chaudhry *et al.*(2018) e Seyedi *et al.*(2012) em lilium, Treder (2008) em lírio oriental, Lalmuanpuiiet *al.*(2021)em gerbera, Balan *et al.*(2022) em tuberosa.

4.2.1.3 Efeito de interação

Durante os anos *i.e.,* 2020-21, 2021-22 e resultado agrupado, a interação entre G x M, Y x G, Y x M e Y x G x M não apresentou qualquer significância no número de dias levados para o aparecimento do primeiro botão. (Tabela 4.6)

4.2.2 Dias para a abertura da flor (Antese)

Os dados relativos ao número de dias necessários para a abertura da flor, influenciados por diferentes condições de cultivo, meios de cultivo e o seu efeito de interação durante os anos 2020-21, 2021-22 e análise conjunta, são apresentados no Quadro 4.7.

4.2.2.1 Efeito de diferentes condições de cultivo

Os dados apresentados no Quadro 4.7 revelam claramente que o número de dias necessários para a abertura da flor foi significativamente influenciado pelas diferentes condições de cultivo. Os números significativamente mínimos de dias necessários para a abertura da flor (71,58, 70,97 e 71,28, respetivamente) foram encontrados no tratamento (G_3)75% de rede de sombra preta nos anos 2020-21, 2021-22 e dados agrupados. Estes resultados foram estatisticamente iguais aos do tratamento G_1 nos anos 2020-21, 2021-22 e no tratamento G_2 em ambos os anos e na análise conjunta. Enquanto que, no tratamento (G_4), a condição aberta resultou num número significativamente máximo de dias necessários para a abertura da flor (75,18, 75,00 e 75,09, respetivamente) nos anos 2020-21, 2021-22 e dados agrupados.

Tal pode dever-se ao facto de a rede de sombra negra criar um ambiente de crescimento mais controlado e ideal, proporcionando uma luz consistente e difusa, uma melhor regulação da temperatura, uma humidade mais elevada e proteção contra os factores de stress ambiental. Estas condições melhoram coletivamente os processos fisiológicos das plantas de lírio, levando a uma abertura mais precoce das flores em comparação com outras.

Tabela: 4.7: Efeito de diferentes condições de cultivo e meios de cultivo nos dias para a abertura da flor em Lilium asiático

Tratamento		Dias até à abertura da flor		
		2020-21	2021-22	Agrupado
Estado de crescimento				
G_1	75% Rede de sombra de cor verde	72.51	72.05	72.27
G_2	75% Rede de sombra de cor branca	72.08	71.58	71.83
G_3	75% Rede de sombra de cor preta	71.58	70.97	71.28
G_4	Condição aberta	75.18	75.00	75.09
	S. Em. ±	0.50	0.46	0.34
	C.D.a 5 %	1.44	1.32	0.96
Meios de cultura				
M_1	Solo: Cocopeat: Vermiculite (5:3:2)	72.37	71.98	72.17
M_2	Solo: Areia: FYM (4:3:3)	74.52	74.42	74.47
M_3	Cocopeat: Solo: Areia (5:3:2)	73.62	72.88	73.25
M_4	Cocopeat: Vermiculite: Perlite (7:2:1)	70.87	70.32	70.59
	S. Em. ±	0.45	0.45	0.34
	C.D.a 5 %	1.31	1.31	0.96
	Ano	-	-	NS
	Interação significativa	-	-	-
	C.V.%	2.39	2.19	2.29

4.2.2.2 Efeito do meio de cultura

É evidente, a partir dos dados apresentados na Tabela 4.7, que houve um efeito significativo dos diferentes meios de cultivo no número de dias levados para a abertura da flor. O número mínimo de dias para a abertura da flor (70.87, 70.32 e 70.59, respetivamente) foi consistentemente observado no tratamento (M_4) Cocopeat: Vermiculite: Perlita (7:2:1 v/v) durante ambos os anos e análise conjunta. Considerando que, o número máximo de dias para a abertura da flor (74,52, 74,42 e 74,47, respetivamente) foi observado no tratamento (M_2) Solo: Areia: FYM (4:3:3 v/v) em ambos os anos e na análise conjunta.

Pode dever-se ao facto de a combinação de cocopeat, vermiculite e perlite criar um substrato bem equilibrado e rico em nutrientes, promovendo um desenvolvimento ótimo das raízes e uma absorção eficiente dos nutrientes. A maior disponibilidade de nutrientes e a retenção equilibrada de humidade nos suportes estimulam a iniciação e o desenvolvimento precoce dos rebentos. Além disso, as propriedades melhoradas de aeração e drenagem do substrato evitam o encharcamento e proporcionam um ambiente ideal para uma floração precoce. O fornecimento optimizado de nutrientes, a gestão da humidade e o desenvolvimento das raízes no meio de cultura especificado contribuem para a floração precoce do lírio cultivado neste meio de cultura. Estas conclusões da presente investigação estão em conformidade com o relatório de Chaudhry *et al.*(2018) e Seyedi *et al.*(2012) em lilium, Treder (2008) em lírio oriental, Lalmuanpuiiet *al.* (2021) em gerbera, Balan *et al.*(2022) em tuberosa.

4.2.1.3 Efeito de interação

A interação entre G x M, Y x G, Y x M e Y x G x M foi considerada não significativa no número de dias necessários para a abertura da flor em ambos os anos e na análise conjunta (Quadro 4.7)

4.2.3 Número de flores por planta

Os dados relativos ao número de flores em lilium influenciados por diferentes condições de cultivo, meios de cultivo e o seu efeito de interação durante os anos 2020-21, 2021-22 e na análise conjunta foram apresentados no Quadro 4.8 e representados graficamente na Fig. 4.2.

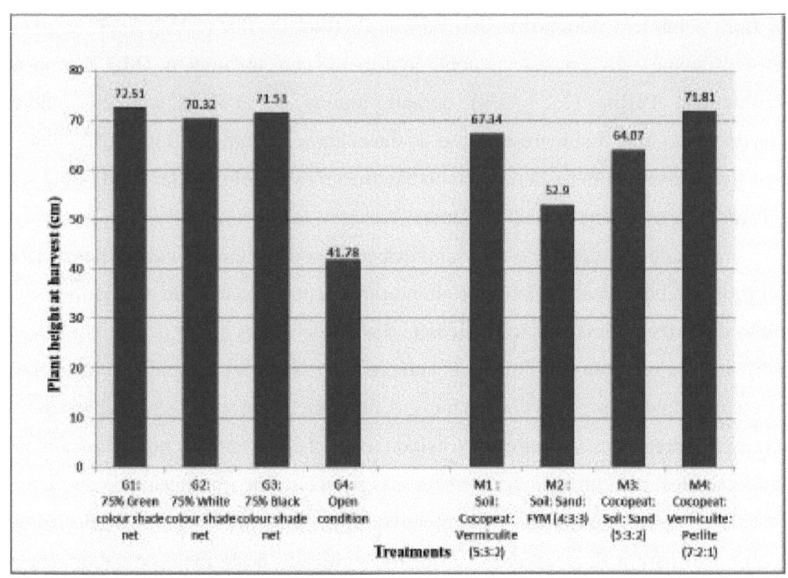

Fig 4.2 :Efeito de diferentes condições de cultivo e meios de cultivo no número de flores por planta em Lilium asiático

4.2.3.1 Efeito de diferentes condições de cultivo

Os dados relativos ao número de flores por planta, apresentados no Quadro 4.8, revelam que existem diferenças significativas em função das diferentes condições de cultivo. O número máximo de flores por planta (2,53, 2,45 e 2,49, respetivamente) foi registado no tratamento G_1 (75% de sombra verde) em ambos os anos e na análise conjunta, que foi igual ao tratamento G_2 e G_3 em ambos os anos e na análise conjunta. Por outro lado, o número mínimo de flores por planta (2,15, 2,22 e 2,18, respetivamente) foi observado no tratamento G_4 em condição aberta durante os dois anos e a análise conjunta.

Talvez isso se ao facto de as redes de sombra verde criarem um ambiente de crescimento ótimo através da gestão da intensidade da luz, da temperatura e da humidade. Estas condições melhoram os principais processos fisiológicos, como a fotossíntese, a eficiência da utilização da água e a regulação hormonal, que contribuem para um maior número de flores nas plantas de lírio.

Tabela: 4.8: Efeito de diferentes condições de cultivo e meios de cultivo no número de flores por planta em Lilium asiático

Tratamento	Número de flores por planta		
	2020-21	2021-22	Agrupado

Estado de crescimento				
G_1	**75% Rede de sombra de cor verde**	2.53	2.45	2.49
G_2	**75% Rede de sombra de cor branca**	2.42	2.33	2.38
G_3	**75% Rede de sombra de cor preta**	2.50	2.38	2.44
G_4	**Condição aberta**	2.15	2.22	2.18
	S. Em. ±	0.06	0.06	0.04
	C.D.a 5 %	0.16	0.16	0.11
Meios de cultura				
M_1	**Solo: Cocopeat: Vermiculite (5:3:2)**	2.50	2.33	2.42
M_2	**Solo: Areia: FYM (4:3:3)**	2.05	2.10	2.08
M_3	**Cocopeat: Solo: Areia (5:3:2)**	2.25	2.20	2.23
M_4	**Cocopeat: Vermiculite: Perlite (7:2:1)**	2.80	2.75	2.78
	S. Em. ±	0.06	0.06	0.04
	C.D.a 5 %	0.16	0.16	0.11
	Ano	-	-	Sig.
	Interação significativa	G x M	G x M	G x M
	C.V.%	7.98	8.26	8.12

4.2.3.2 Efeito do meio de cultura

Os dados apresentados no Quadro 4.8 revelam claramente que o número de flores por planta foi significativamente influenciado pelos diferentes meios de cultura. O maior número de flores por planta (2,80, 2,75 e 2,78, respetivamente) foi observado no tratamento (M_4) Cocopeat: Vermiculita: Perlita (7:2:1 v/v) em ambos os anos e na análise conjunta. Enquanto o menor número de flores por planta (2,05, 2,10 e 2,08, respetivamente) foi observado no tratamento (M_2) Solo: Areia: FYM (4:3:3 v/v) em ambos os anos e na análise conjunta.

A razão para o número máximo de flores por planta deve-se às melhores condições de crescimento e às boas propriedades físico-químicas dos meios que contêm cocopeat e vermiculite, quer com solo quer com perlite. Estas conclusões estão de acordo com os resultados obtidos por Grassotti *et al.* (2003) e Tehranifar *et al.* (2011) em lilium, Awang *et al.* (2009) em celosia, Kale *et al.* (2009) em gerbera.

Quadro 4.8.1: Efeito de interação de diferentes condições de cultivo e meios de cultivo

Sobre o número de flores por planta em Lilium asiático

Estado de crescimento (G) / Meio de cultura (M)	Número de flores por planta			
	75% Rede de sombra de cor verde (G_1)	**75% Rede de sombr a de cor**	**75% Rede de sombr a de**	**Condiç ão aberta (G_4)**

		branc a (G_2)	cor preta (G_3)	
2020-21				
M_1 :Solo: Cocopeat: Vermiculite (5:3:2)	2.60	2.60	2.60	2.20
M_2 :Solo: Areia: FYM (4:3:3)	2.33	1.93	2.00	1.93
M_3 :Cocopeat: Solo: Areia (5:3:2)	2.40	2.27	2.33	2.00
M_4 :Cocopeat: Vermiculite: Perlite (7:2:1)	2.80	2.87	3.07	2.47
S. Em. ±	**0.11**			
C.D.a 5 %	**0.32**			
2021-22				
M_1 :Solo: Cocopeat: Vermiculite (5:3:2)	2.40	2.40	2.33	2.20
M_2 :Solo: Areia: FYM (4:3:3)	2.27	2.00	2.07	2.07
M_3 :Cocopeat: Solo: Areia (5:3:2)	2.40	2.20	2.13	2.07
M_4 :Cocopeat: Vermiculite: Perlite (7:2:1)	2.73	2.73	3.00	2.53
S. Em. ±	**0.11**			
C.D.a 5 %	**0.32**			
Agrupado				
M_1 :Solo: Cocopeat: Vermiculite (5:3:2)	2.50	2.50	2.47	2.20
M_2 :Solo: Areia: FYM (4:3:3)	2.30	1.97	2.03	2.00
M_3 :Cocopeat: Solo: Areia (5:3:2)	2.40	2.23	2.23	2.03
M_4 :Cocopeat: Vermiculite: Perlite (7:2:1)	2.77	2.80	3.03	2.50
S. Em. ±	**0.08**			
C.D.a 5 %	**0.22**			

4.2.3.3 Efeito de interação

A interação entre diferentes condições de cultivo (G) e meios de cultivo (M) foi considerada significativa (Quadro 4.8.1). Os resultados mostraram que um número significativamente máximo de flores por planta (3.07, 3.00 e 3.03, respetivamente) foram registados em G_3M_4 [75% Rede de sombra de cor preta +Cocopeat: Vermiculite: Perlite (7:2:1)] durante ambos os anos e análise conjunta, que foi a par com G_1M_4 e G_2M_4 combinação de tratamento durante ambos os anos. O número mínimo de flores por planta (1.93, 2.00 e 1.97, respetivamente) foi registado na combinação de tratamento G_2M_2 [75% Rede de sombra de cor branca +Solo: Areia: FYM (4:3:3)] durante ambos os anos e análise conjunta, que foi igual à combinação de tratamento G_3M_2, G_4M_2, e G_4M_3 durante ambos os anos e análise conjunta que também foi igual à combinação de tratamento G_4M_1 nos anos 2020-21 e 2021-22.

Por outro lado, a interação entre Y x G, Y x M e Y x G x M não mostrou qualquer efeito significativo no número de flores por planta.

Tabela: 4.9: Efeito de diferentes condições de cultivo e meios de cultivo no diâmetro de flor em Lilium asiático

Tratamento		Diâmetro da flor (cm)		
		2020-21	2021-22	Agrupado
Estado de crescimento				
G_1	**75% Rede de sombra de cor verde**	14.54	14.57	14.55
G_2	**75% Rede de sombra de cor branca**	14.72	14.66	14.69
G_3	**75% Rede de sombra de cor preta**	14.86	14.67	14.77
G_4	**Condição aberta**	12.36	12.07	12.22
	S. Em. ±	0.09	0.09	0.06
	C.D.a 5 %	0.26	0.27	0.18
Meios de cultura				
M_1	**Solo: Cocopeat: Vermiculite (5:3:2)**	14.15	14.04	14.09
M_2	**Solo: Areia: FYM (4:3:3)**	13.36	13.31	13.33
M_3	**Cocopeat: Solo: Areia (5:3:2)**	13.95	13.90	13.93
M_4	**Cocopeat: Vermiculite: Perlite (7:2:1)**	15.02	14.72	14.87
	S. Em. ±	0.09	0.09	0.06
	C.D.a 5 %	0.26	0.27	0.18
	Ano	-	-	NS
	Interação significativa	-	-	-
	C.V.%	2.17	2.29	2.23

4.2.4 Diâmetro da flor (cm)

Os dados relativos ao diâmetro da flor influenciados por diferentes condições de cultivo, meios de cultivo e o seu efeito de interação durante os anos 2020-21, 2021-22 e na análise conjunta foram apresentados no Quadro 4.9 e representados graficamente na Fig. 4.3.

4.2.4.1 Efeito de diferentes condições de crescimento

É evidente a partir dos dados (Tabela 4.9) que houve uma diferença significativa no diâmetro da flor influenciada por diferentes condições de cultivo. O diâmetro máximo da flor (14,86, 14,67 e 14,77 cm, respetivamente) foi observado no tratamento G_3 (rede de sombra 75% preta) durante os dois anos e na análise conjunta, que foi estatisticamente igual ao tratamento G_1 em 2021-22 e no tratamento G_2 durante os dois anos e na análise conjunta. Por outro lado, o diâmetro mínimo da flor (12,36, 12,07 e 12,22 cm, respetivamente) foi registado no tratamento G_4 (condição aberta) durante os dois anos e a análise conjunta. O aumento do diâmetro da flor nas culturas de lírio em condições de rede de sombra preta é o resultado de condições de crescimento optimizadas, incluindo exposição equilibrada à luz, regulação da temperatura, humidade óptima e saúde geral da planta. Além disso, a rede de sombra pode levar a uma produção equilibrada de hormonas promotoras do crescimento, como as auxinas, as giberelinas e as citocininas. Estas hormonas regulam a divisão, o alongamento e a expansão das células, contribuindo para um maior desenvolvimento e diâmetro das flores.

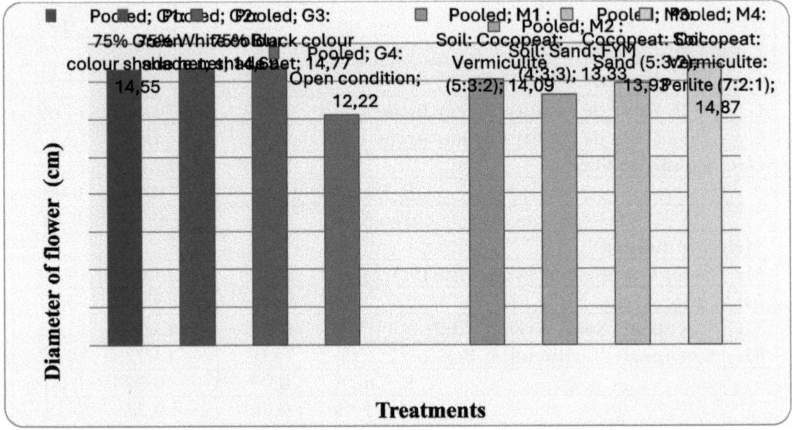

Fig 4.3 :Efeito de diferentes condições de cultivo e meios de cultivo no diâmetro da flor (cm) de Lilium asiático

4.2.4.2 Efeito do meio de cultura

Os dados apresentados na Tabela 4.9 revelaram que houve uma diferença significativa no diâmetro da flor influenciada por diferentes meios de cultivo. Diâmetro máximo significativo da flor (15,02, 14,72 e 14,87 cm, respetivamente) foi observado no tratamento (M_4) Cocopeat: Vermiculita: Perlita (7:2:1 v/v) durante ambos os anos e análise conjunta. Considerando que, o diâmetro mínimo da flor (13.36, 13.31 e 13.33 cm, respetivamente) foi observado no tratamento (M_2) Solo: Areia: FYM (4:3:3 v/v) durante ambos os anos e análise conjunta. O diâmetro da flor observado melhor, quando cultivado em meios de cocopeat, vermiculite e perlite, pode ser atribuído às condições óptimas de crescimento proporcionadas por esta composição específica de meios. A combinação de cocopeat, vermiculite e perlite cria um substrato bem equilibrado e rico em nutrientes que promove o desenvolvimento saudável das raízes e a absorção efectiva de nutrientes. A abundância de nutrientes estimula o crescimento vigoroso e o alongamento dos botões, resultando em botões de flores mais longos. Além disso, a presença de vermiculite aumenta a capacidade de retenção de água dos meios, assegurando níveis de humidade consistentes necessários para o desenvolvimento adequado dos botões. A combinação ideal de nutrientes e a gestão melhorada da água no meio de cultura especificado contribuem para o comprimento e o diâmetro superiores dos botões florais na variedade de lírio asiático cultivada neste meio de cultura. Os resultados das presentes investigações estão em conformidade com os relatórios de Chaudhry *et al.*(2018) e Seyedi *et al.*(2012) em lilium, Treder (2008) em lírio oriental, Lalmuanpuiiet *al.*(2021) em gerbera, Balan *et al.*(2022) em tuberosa.

4.2.4.3Efeito de interação

Durante ambos os anos, *ou seja,* 2020-21, 2021-22 e resultado combinado, a interação entre G x M, Y x G, Y x M e Y x G x Mon diâmetro da flor foi considerada não significativa. (Tabela 4.9).

4.2.5 Prazo de validade (cm)

Os dados relativos ao prazo de validade influenciado por diferentes condições de cultivo, meios de cultivo e o seu efeito de interação durante os anos 2020-21, 2021-22 e a análise conjunta foram apresentados nos quadros 4.10 e 4.10.1.

Quadro 4.10: Efeito de diferentes condições e meios de cultura no prazo de validade (dias) em Lilium asiático

Tratamento		Prazo de validade (dias)		
		2020-21	2021-22	Agrupado
Estado de crescimento				
G_1	**75% Rede de sombra de cor verde**	7.15	7.02	7.08
G_2	**75% Rede de sombra de cor branca**	7.18	7.10	7.14
G_3	**75% Rede de sombra de cor preta**	7.37	7.30	7.33
G_4	**Condição aberta**	6.90	6.82	6.86
	S. Em. ±	0.07	0.07	0.05
	C.D.a 5 %	0.19	0.21	0.14
Media				
M_1	**Solo: Cocopeat: Vermiculite (5:3:2)**	7.53	7.42	7.48
M_2	**Solo: Areia: FYM (4:3:3)**	5.95	5.85	5.90
M_3	**Cocopeat: Solo: Areia (5:3:2)**	7.20	7.13	7.17
M_4	**Cocopeat: Vermiculite: Perlite (7:2:1)**	7.92	7.83	7.88

	S. Em. ±	0.07	0.07	0.05
	C.D.a 5 %	0.19	0.21	0.14
	Ano	-	-	Sig.
	Interação significativa	G x M	G x M	G x M
	C.V.%	3.18	3.54	3.36

4.2.5.1 Efeito de diferentes condições de cultivo

Os dados relativos ao prazo de validade são apresentados no Quadro 4.10 e indicam que houve uma diferença significativa influenciada pelas diferentes condições de cultivo. Entre as diferentes condições de cultivo, 75% do tratamento com rede de sombra preta (G_3) registou o maior tempo de conservação das flores (7,37, 7,30 e 7,33 dias, respetivamente) em ambos os anos e na análise conjunta, o que foi igual ao tratamento G_2. Enquanto que a vida útil mais baixa das flores (6,90, 6,82 e 6,86 dias, respetivamente) foi observada no tratamento G_4 aberto durante os dois anos e a análise conjunta. O aumento do prazo de validade das flores em condições de rede de sombra negra é facilitado por uma combinação de factores como a gestão optimizada da água e da temperatura, a proteção UV, melhores práticas de manuseamento e maior capacidade antioxidante. Também cria um microclima mais fresco, que ajuda a abrandar a taxa de processos fisiológicos como a respiração; taxas de respiração mais lentas podem atrasar a senescência e prolongar a vida pós-colheita das flores. Estes factores contribuem coletivamente para preservar a qualidade, a frescura e a longevidade das flores de corte cultivadas em condições de rede de sombra negra.

4.2.5.2 Efeito do meio de cultura

Uma leitura dos dados apresentados na Tabela 4.10 revelou uma variação significativa no prazo de validade influenciada por diferentes meios de cultivo durante ambos os anos e análise conjunta. O prazo de validade significativamente mais alto, *ou seja,* 7,92, 7,83 e 7,88 dias, foi observado no tratamento M_4-Cocopeat: Vermiculite: Perlite (7:2:1 v/v) em ambos os anos e na análise conjunta, respetivamente. Durante os dois anos e a análise conjunta, o tempo de conservação mais baixo foi observado no tratamento M_2 Solo: Areia: FYM (4:3:3 v/v), *ou seja,* 5,95, 5,85 e 5,90 dias, respetivamente.

Pode dever-se às melhores condições de crescimento e às boas propriedades físico-químicas dos meios que contêm cocopeat e vermiculite, quer com solo quer com perlite. Estas conclusões estão de acordo com os resultados obtidos por Grassotti *et al.* (2003) e Tehranifar *et al.* (2011) em lilium, Awang *et al.* (2009) em celosia, Kale *et al.* (2009) em gerbera.

4.2.5.3 Efeito de interação

A interação entre as diferentes condições de cultivo (G) e os meios de cultivo (M) foi considerada significativa (Quadro 4.10.1). O prazo de validade máximo significativo (8,13, 8,07 e 8,10 dias, respetivamente) foi registado em G_3M_4 [75% Rede de sombra de cor preta +Cocopeat: Vermiculite: Perlite (7:2:1)] durante ambos os anos e análise conjunta, que foi igual à combinação de tratamentos G_1M_4 e G_2M_4 durante ambos os anos e análise conjunta. O prazo de validade mínimo (5,73, 5,67 e 5,70 dias, respetivamente) foi registado na combinação de tratamento G_1M_2 [75% Rede de sombra de cor verde +Solo: Areia: FYM (4:3:3)] durante ambos os anos e análise conjunta.

A interação entre Y x G, Y x M e Y x G x M não mostrou qualquer efeito significativo (Quadro 4.10.1).

Quadro 4.10.1: Efeito da interação de diferentes condições de cultivo e meios de cultura no Prazo de validade (dias) Asiatic Lilium

Estado de crescimento (G) / Meio de cultura (M)	Prazo de validade (dias)			
	75% Rede de sombra de cor verde (G_1)	75% Rede de sombra de cor branca (G_2)	75% Rede de sombra de cor preta (G_3)	Condição aberta (G_4)
2020-21				
M_1 :Solo: Cocopeat: Vermiculite (5:3:2)	7.53	7.60	7.67	7.33
M_2 :Solo: Areia: FYM (4:3:3)	5.73	5.87	6.20	6.00
M_3 :Cocopeat: Solo: Areia (5:3:2)	7.20	7.33	7.47	6.80
M_4 :Cocopeat: Vermiculite: Perlite (7:2:1)	8.13	7.93	8.13	7.47
S. Em. ±	0.13			
C.D.a 5 %	0.38			
2021-22				
M_1 :Solo: Cocopeat: Vermiculite (5:3:2)	7.33	7.47	7.60	7.27
M_2 :Solo: Areia: FYM (4:3:3)	5.67	5.73	6.13	5.87
M_3 :Cocopeat: Solo: Areia (5:3:2)	7.07	7.33	7.40	6.73

M_4 :Cocopeat: Vermiculite: Perlite (7:2:1)	8.00	7.87	8.07	7.40
S. Em. ±	0.14			
C.D.a 5 %	0.42			
Agrupado				
M_1 :Solo: Cocopeat: Vermiculite (5:3:2)	7.43	7.53	7.63	7.30
M_2 :Solo: Areia: FYM (4:3:3)	5.70	5.80	6.17	5.93
M_3 :Cocopeat: Solo: Areia (5:3:2)	7.13	7.33	7.43	6.77
M_4 :Cocopeat: Vermiculite: Perlite (7:2:1)	8.07	7.90	8.10	7.43
S. Em. ±	0.10			
C.D.a 5 %	0.28			

Plate 5: Comparison between best treatment and control

4.3 EFEITO NOS PARÂMETROS DE RENDIMENTO

Tabela 4.11: Efeito de diferentes condições de cultivo e meios de cultivo no número de bolbo por planta em Lilium asiático

Tratamento		**Número de bolbos por planta**		
		2020-21	**2021-22**	**Agrupado**
Estado de crescimento				
G_1	**75% Rede de sombra de cor verde**	1.08	1.07	1.08
G_2	**75% Rede de sombra de cor branca**	1.20	1.12	1.16
G_3	**75% Rede de sombra de cor preta**	1.17	1.12	1.14
G_4	**Condição aberta**	1.45	1.35	1.40
	S. Em. ±	0.05	0.05	0.04

	C.D.a 5 %	0.14	0.15	0.10
Meios de cultura				
M_1	**Solo: Cocopeat: Vermiculite (5:3:2)**	1.57	1.37	1.47
M_2	**Solo: Areia: FYM (4:3:3)**	1.12	1.08	1.10
M_3	**Cocopeat: Solo: Areia (5:3:2)**	1.08	1.07	1.08
M_4	**Cocopeat: Vermiculite: Perlite (7:2:1)**	1.13	1.13	1.13
	S. Em. ±	0.05	0.05	0.04
	C.D.a 5 %	0.14	0.15	0.10
	Ano	-	-	NS
	Interação significativa	-	-	-
	C.V.%	13.33	15.71	14.51

4.3.1 Número de bolbos por planta

Os dados relativos ao número de bolbos por planta em lilium influenciados por diferentes condições de cultivo, meios de cultivo e o seu efeito de interação durante os anos 2020-21, 2021-22 e análise conjunta foram apresentados no Quadro 4.11.

4.3.1.1Efeito de diferentes condições de crescimento

Os dados apresentados na Tabela 4.11 revelam uma variação significativa no número de bolbos por planta de lilium devido a diferentes condições de cultivo. O número máximo de bolbos por planta (1,45, 1,35 e 1,40, respetivamente) foi observado no tratamento G_4 (condição aberta) em ambos os anos e na análise conjunta. Enquanto que os números mínimos de bolbos por planta (1,08, 1,07 e 1,08, respetivamente) foram observados no tratamento G_1 (rede de sombra verde a 75%) em ambos os anos e na análise conjunta. Isto pode dever-se ao facto de as condições abertas proporcionarem acesso ilimitado à luz solar, que é crucial para a fotossíntese e para o crescimento geral das plantas. A luz solar adequada promove a produção de hidratos de carbono e energia, apoiando o desenvolvimento de novos bolbos.

4.3.1.2 Efeito do meio de cultura

É evidente a partir dos dados (Tabela 4.11) que houve diferenças significativas no número de bolbos em função do meio de cultivo. O número máximo de bolbos por planta (1.57, 1.37 e 1.47, respetivamente) foi encontrado no tratamento (M_1) Solo: Cocopeat: Vermiculite (5:3:2 v/v) em ambos os anos e na análise conjunta. O número mínimo de bulbos por planta (1,08, 1,07 e 1,08, respetivamente) foi observado no tratamento M_3 [Cocopeat: Solo: Areia (5:3:2 v/v)] em ambos os anos e na análise conjunta. A partir dos dados acima, pode-se atribuir novamente a maior translocação de carboidratos para as porções subterrâneas, contribuindo mais para a multiplicação de bulbos no meio. Os atributos promissores dos bolbos podem ser devidos a melhores propriedades físicas, químicas e biológicas dos meios que contêm cocopeat e vermiculite, quer com solo quer com perlite, que proporcionam um ambiente radicular congénito para o crescimento adequado de bolbos e bolbos. Estes resultados estão de acordo com os relatórios de Nazari *et al.* (2011) sobre o jacinto.

4.3.1.3 Efeito de interação

O efeito de interação entre G x M, Y x G, Y x M e Y x G x Mon número de bolbos por planta foi considerado não significativo durante os anos 2020-21, 2021-22 e os dados agrupados apresentados no Quadro 4.11.

Tabela 4.12: Efeito de diferentes condições de cultivo e meios de cultivo no peso de bolbo por planta (g) em Lilium asiático

Tratamento		Peso do bolbo (g)		
		2020-21	2021-22	Agrupado
Estado de crescimento				
G_1	**75% Rede de sombra de cor verde**	48.10	48.19	48.14
G_2	**75% Rede de sombra de cor branca**	50.79	48.96	49.87
G_3	**75% Rede de sombra de cor preta**	49.88	48.33	49.10
G_4	**Condição aberta**	68.37	64.66	66.51
	S. Em. ±	1.25	1.23	0.88
	C.D.a 5 %	3.60	3.53	2.47
Media				
M_1	**Solo: Cocopeat: Vermiculite (5:3:2)**	65.62	61.53	63.57
M_2	**Solo: Areia: FYM (4:3:3)**	45.23	44.38	44.81
M_3	**Cocopeat: Solo: Areia (5:3:2)**	52.98	51.87	52.42
M_4	**Cocopeat: Vermiculite: Perlite (7:2:1)**	53.29	52.36	52.83
	S. Em. ±	1.25	1.23	0.88
	C.D.a 5 %	3.60	3.53	2.47
	Ano	-	-	Sig.
	Interação significativa	G x M	G x M	G x M
	C.V.%	7.97	8.09	8.03

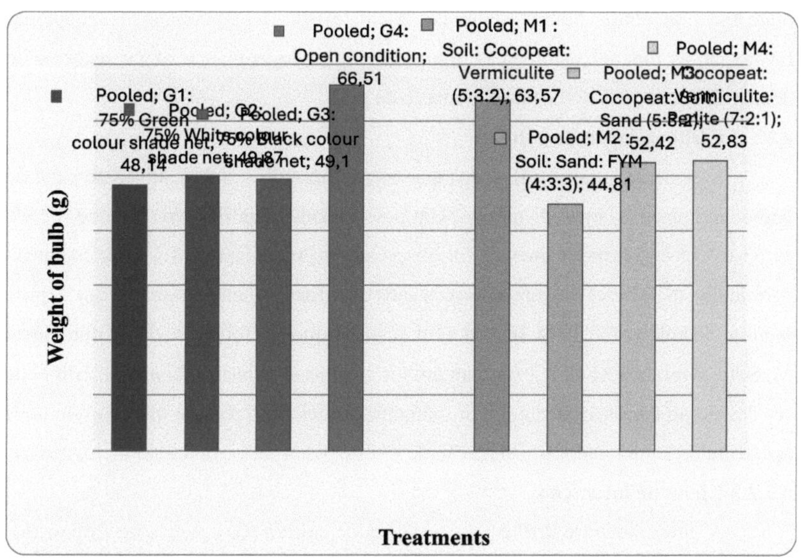

Fig 4.4 :Efeito de diferentes condições de cultivo e meios de cultivo no

peso do bolbo (g) de Lilium asiático

4.3.2Peso do bolbo (g)

Os dados relativos ao Peso do bolbo (g) influenciado por diferentes condições de cultivo, meios de cultivo e o seu efeito de interação durante os anos 2020-21, 2021-22 e análise conjunta foram apresentados no Quadro 4.12, Quadro 4.12.1 e representados graficamente na Fig.4.4.

4.3.2.1 Efeito de diferentes condições de cultivo

Os dados apresentados na tabela 4.12 revelaram uma variação significativa no peso do bolbo, influenciado por diferentes condições de cultivo. O peso máximo de bolbo (68,37, 64,66 e 66,51 g, respetivamente) foi registado no tratamento G_4 (condição aberta) durante ambos os anos e análise conjunta. Enquanto que o peso mínimo de bolbos por planta (48.10, 48.19 e 48.14 g, respetivamente) foi registado no tratamento G_1 (rede de sombra de cor verde 75%) durante ambos os anos e análise conjunta. As condições de céu aberto proporcionam uma ampla luz solar, que é essencial para a fotossíntese. Uma maior exposição à luz solar leva a uma maior atividade fotossintética, resultando numa maior produção de hidratos de carbono e biomassa, incluindo bolbos maiores. Além disso, as temperaturas moderadas favorecem as funções fisiológicas óptimas, permitindo às plantas afetar recursos ao desenvolvimento dos bolbos e ao aumento de peso.

4.3.2.2 Efeito do meio de cultura

É evidente a partir dos dados que houve diferenças significativas no peso do bolbo em função do meio de cultivo. Um peso máximo significativo de bolbo (65.62, 61.53 e 63.57 g, respetivamente) foi observado no tratamento (M_1) solo: cocopeat: vermiculite (5:3:2 v/v) durante ambos os anos e análise conjunta. Enquanto que, o peso mínimo do bolbo (45.23, 44.38 e 44.81 g, respetivamente) foi registado no tratamento M_2 Solo: Areia: FYM (4:3:3 v/v) em ambos os anos e na análise conjunta. Isto pode ser devido ao correspondente maior diâmetro do bolbo no mesmo meio, o que pode ser atribuído a uma maior translocação de fotossintatos para o bolbo no meio.

4.3.2.3 Efeito de interação

A interação entre diferentes condições de cultivo (G) e meios de cultivo (M) foi considerada significativa no Quadro 4.12.1. Um peso máximo significativo de bolbo (84.87, 76.91 e 80.89 g, respetivamente) foi registado em G_4M_1 [condição aberta +Solo: Cocopeat: Vermiculite (5:3:2)] durante ambos os anos e análise conjunta. O peso mínimo do bolbo (40,05, 39,83 e 39,94 g, respetivamente) foi observado na combinação de tratamentos G_1M_2 [rede de sombra de cor verde 75% +Solo: Areia: FYM (4:3:3)] durante ambos os anos e análise conjunta.

No entanto, no caso da interação entre Y x G, Y x M e Y x G x M não se verificou qualquer efeito significativo (Quadro 4.12.1).

Quadro 4.12.1: Efeito de interação de diferentes condições de cultivo e meios de cultivo
e meios de cultivo no peso do bolbo (g) Asiatic Lilium

Estado de crescimento (G) / Meio de cultura (M)	Peso do bolbo (g)			
	75% Rede de sombra de cor verde (G_1)	75% Rede de sombra de cor branca (G_2)	75% Rede de sombra de cor preta (G_3)	Condição aberta (G_4)
2020-21				
M_1 :Solo: Cocopeat: Vermiculite (5:3:2)	57.53	60.28	59.80	84.87
M_2 :Solo: Areia: FYM (4:3:3)	40.05	45.28	42.72	52.89

M_3 :Cocopeat: Solo: Areia (5:3:2)	48.37	47.36	47.87	68.33
M_4 :Cocopeat: Vermiculite: Perlite (7:2:1)	46.43	50.23	49.11	67.39
S. Em. ±	**2.49**			
C.D.a 5 %	**7.19**			
2021-22				
M_1 :Solo: Cocopeat: Vermiculite (5:3:2)	57.13	56.73	55.33	76.91
M_2 :Solo: Areia: FYM (4:3:3)	39.83	43.47	43.66	50.55
M_3 :Cocopeat: Solo: Areia (5:3:2)	48.42	46.57	46.47	66.01
M_4 :Cocopeat: Vermiculite: Perlite (7:2:1)	47.36	49.07	47.87	65.16
S. Em. ±	**2.45**			
C.D.a 5 %	**7.07**			
Agrupado				
M_1 :Solo: Cocopeat: Vermiculite (5:3:2)	57.33	58.51	57.57	80.89
M_2 :Solo: Areia: FYM (4:3:3)	39.94	44.37	43.19	51.72
M_3 :Cocopeat: Solo: Areia (5:3:2)	48.40	46.96	47.17	67.17
M_4 :Cocopeat: Vermiculite: Perlite (7:2:1)	46.90	49.65	48.49	66.27
S. Em. ±	**1.75**			
C.D.a 5 %	**4.94**			

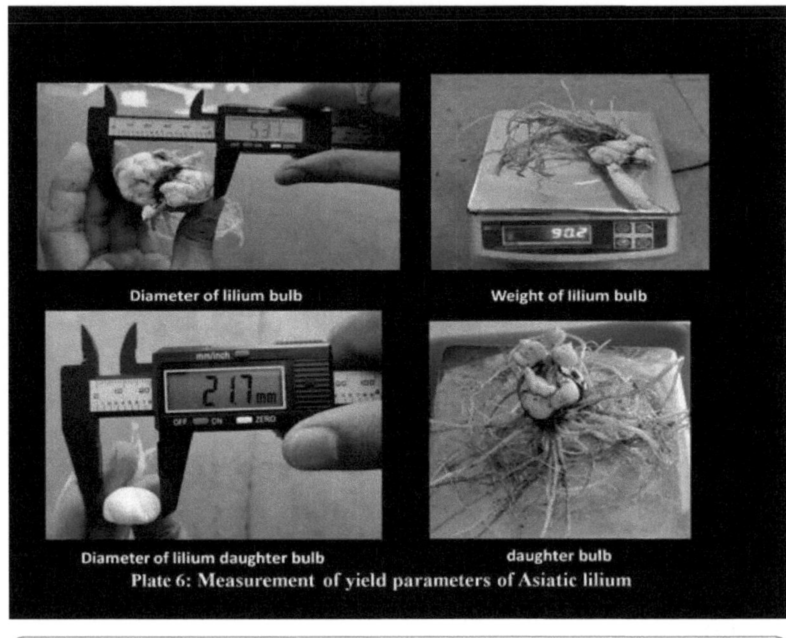

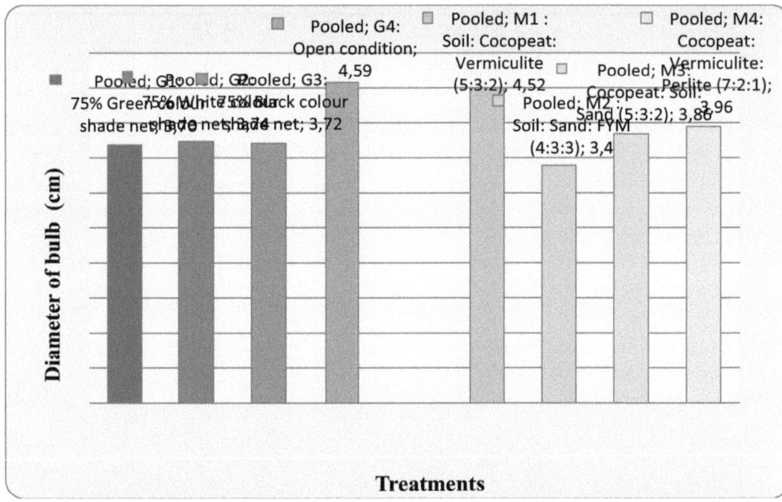

Fig 4.5 :Efeito de diferentes condições de cultivo e meios de cultivo no

diâmetro do bolbo (cm) de Lilium asiático

4.3.3 Diâmetro do bolbo (cm)

Os dados relativos ao diâmetro do bolbo influenciado por diferentes condições de cultivo, meios de cultivo e o seu efeito de interação durante os dois anos e a análise conjunta foram apresentados no Quadro 4.13, 4.13.1 e representados graficamente na Fig. 4.5.

Tabela 4.13: Efeito de diferentes condições de cultivo e meios de cultivo no diâmetro do bolbo (cm) em Lilium asiático

Tratamento		Diâmetro do bolbo (cm)		
		2020-21	2021-22	Agrupado
Estado de crescimento				
G_1	**75% Rede de sombra de cor verde**	3.68	3.72	3.70
G_2	**75% Rede de sombra de cor branca**	3.77	3.71	3.74
G_3	**75% Rede de sombra de cor preta**	3.78	3.65	3.72
G_4	**Condição aberta**	4.66	4.51	4.59
	S. Em. ±	0.06	0.04	0.04
	C.D.a 5 %	0.18	0.12	0.11
Meios de cultura				
M_1	**Solo: Cocopeat: Vermiculite (5:3:2)**	4.58	4.45	4.52
M_2	**Solo: Areia: FYM (4:3:3)**	3.45	3.35	3.40
M_3	**Cocopeat: Solo: Areia (5:3:2)**	3.89	3.84	3.86
M_4	**Cocopeat: Vermiculite: Perlite (7:2:1)**	3.98	3.95	3.96
	S. Em. ±	0.06	0.04	0.04
	C.D.a 5 %	0.18	0.12	0.11
	Ano	-	-	Sig.
	Interação significativa	G x M	G x M	G x M
	C.V.%	5.55	3.67	4.72

4.3.3.1 Efeito de diferentes condições de cultivo

Os dados apresentados na Tabela 4.13 revelam claramente que houve diferenças significativas no diâmetro do bolbo em função do cultivo em diferentes condições. Os diâmetros máximos de bolbo (4,66, 4,51 e 4,59 cm, respetivamente) foram significativamente no tratamento G_4 (condição aberta) durante ambos os anos e na análise conjunta. Enquanto que os diâmetros mínimos dos bolbos (3,68, 3,72 e 3,70 cm, respetivamente) foram observados no tratamento G_1 (rede de sombra verde a 75%) durante ambos os anos e na análise conjunta. As condições de campo aberto fornecem normalmente uma ampla luz solar em comparação com ambientes sombreados ou interiores. Uma maior exposição à luz solar estimula uma fotossíntese robusta, conduzindo a um maior crescimento e desenvolvimento da planta, o que, em última análise, aumenta as suas caraterísticas de bolbo.

4.3.3.2 Efeito do meio de cultura

Os dados relativos ao diâmetro do bolbo apresentados na Tabela 4.13 revelaram que houve uma diferença significativa entre os diferentes meios de cultivo. O diâmetro máximo do bolbo (4.58, 4.45, 4.52 cm, respetivamente) foi registado no tratamento M_1Solo: Cocopeat: Vermiculite (5:3:2 v/v) durante ambos os anos e análise conjunta. Enquanto que o diâmetro mínimo do bolbo (3.45, 3.35 e 3.40 cm, respetivamente) foi registado no tratamento (M_2) Solo: Areia: FYM (4:3:3 v/v) em ambos os anos e na análise conjunta.

Os atributos promissores dos bolbos podem dever-se às melhores propriedades físicas, químicas e biológicas dos meios que contêm cocopeat e vermiculite, quer com solo, quer com perlite, que proporcionam um ambiente radicular congénito para o crescimento adequado dos bolbos e bolbos. Chaudhary *et al.,*(2018) em lilium. Estes resultados estão de acordo com os relatórios de Nazari *et al.*(2011) em jacinto. Nongdhar *et al.*(2019) sobre o aumento do tamanho do bolbo (perímetro) em cocopeat estão de acordo com os nossos resultados.

4.3.3.3 Efeito de interação

A interação entre diferentes condições de cultivo (G) e meios de cultivo (M) foi significativa (Quadro 4.13.1). O diâmetro máximo significativo do bolbo (5.22, 5.01 e 5.12 cm respetivamente) foi registado em G_4M_1 [condição aberta +Solo: Cocopeat: Vermiculite (5:3:2)] durante ambos os anos e análise conjunta. O peso mínimo do bolbo (3,21 cm, 3,17 cm e 3.19 cm, respetivamente) foi registado na combinação de tratamento G_1M_2 [75% Rede de sombra de cor verde +Solo: Areia: FYM (4:3:3)] durante ambos os anos e análise conjunta, que foi igual à combinação de tratamentoG_2M_3 e G_3M_3 no ano 2020-21, também a combinação de tratamentoG_2M_2e G_3M_2durante ambos os anos e análise conjunta.

A interação entreY x G, Y x M e Y x G x M foi considerada não significativa no diâmetro da flor (Quadro 4.13.1).

Quadro 4.13.1: Efeito de interação de diferentes condições de cultivo e meios de cultivo e meios de cultivo no diâmetro do bolbo (cm) Asiatic Lilium

Estado de crescimento (G) / Meio de cultura (M)	Diâmetro do bolbo (cm)			
	75% Rede de sombra de cor verde (G_1)	75% Rede de sombra de cor branca (G_2)	75% Rede de sombra de cor preta (G_3)	Condição aberta (G_4)
2020-21				
M_1 :Solo: Cocopeat: Vermiculite (5:3:2)	4.32	4.37	4.41	5.22
M_2 :Solo: Areia: FYM (4:3:3)	3.21	3.43	3.35	3.79
M_3 :Cocopeat: Solo: Areia (5:3:2)	3.71	3.57	3.48	4.82
M_4 :Cocopeat: Vermiculite: Perlite (7:2:1)	3.49	3.71	3.89	4.81
S. Em. ±	0.12			
C.D.a 5 %	0.37			
2021-22				
M_1 :Solo: Cocopeat: Vermiculite (5:3:2)	4.27	4.23	4.30	5.01
M_2 :Solo: Areia: FYM (4:3:3)	3.17	3.37	3.19	3.67
M_3 :Cocopeat: Solo: Areia (5:3:2)	3.80	3.43	3.45	4.67
M_4 :Cocopeat: Vermiculite: Perlite (7:2:1)	3.63	3.81	3.67	4.69
S. Em. ±	0.08			
C.D.a 5 %	0.24			
Agrupado				
M_1 :Solo: Cocopeat: Vermiculite (5:3:2)	4.29	4.30	4.36	5.12
M_2 :Solo: Areia: FYM (4:3:3)	3.19	3.40	3.27	3.73
M_3 :Cocopeat: Solo: Areia (5:3:2)	3.75	3.50	3.46	4.75
M_4 :Cocopeat: Vermiculite: Perlite (7:2:1)	3.56	3.76	3.78	4.75
S. Em. ±	0.08			
C.D.a 5 %	0.21			

4.3.4 Número de lâmpadas filhas

Os dados relativos ao número de bolbos filhos influenciados por diferentes condições de cultivo, meios de cultivo e o seu efeito de interação são apresentados no Quadro 4.14.

Tabela 4.14: Efeito de diferentes condições de cultivo e meios de cultivo no número de bolbo-filho por bolbo em Lilium asiático

Tratamento		Número de lâmpadas filhas		
		2020-21	2021-22	Agrupado
Estado de crescimento				
G_1	**75% Rede de sombra de cor verde**	0.80	0.70	0.75
G_2	**75% Rede de sombra de cor branca**	0.85	0.78	0.82
G_3	**75% Rede de sombra de cor preta**	0.90	0.78	0.84
G_4	**Condição aberta**	0.52	0.50	0.51
	S. Em. ±	0.06	0.05	0.04
	C.D.a 5 %	0.17	0.13	0.11
Meios de cultura				
M_1	**Solo: Cocopeat: Vermiculite (5:3:2)**	0.87	0.78	0.83
M_2	**Solo: Areia: FYM (4:3:3)**	0.50	0.48	0.49
M_3	**Cocopeat: Solo: Areia (5:3:2)**	0.73	0.63	0.68
M_4	**Cocopeat: Vermiculite: Perlite (7:2:1)**	0.97	0.87	0.92
	S. Em. ±	0.06	0.05	0.04
	C.D.a 5 %	0.17	0.13	0.11
	Ano	-	-	NS
	Interação significativa	-	-	-
	C.V.%	27.41	22.86	25.50

4.3.4.1 Efeito de diferentes condições de cultivo

Os dados apresentados na Tabela 4.14 revelam claramente que houve uma diferença significativa no número de bolbos filhos em função das diferentes condições de cultivo. O número máximo de bolbos filhos foi significativamente observado (0,90, 0,78 e 0,84, respetivamente) no tratamento G_3 (75% de rede de sombra preta) durante ambos os anos e na análise conjunta, que foi igual ao tratamento (G1) e (G2). Enquanto que o número mínimo de bolbos filhos (0,52, 0,50 e 0,51, respetivamente) foi observado no tratamento (G_4) em condições abertas durante ambos os anos e na análise conjunta. As plantas em condições abertas têm menos competição por recursos como luz solar, água e nutrientes. Proporciona um amplo espaço para a expansão das raízes e a multiplicação dos bolbos.

4.3.4.2 Efeito do meio de cultura

É evidente, a partir dos dados apresentados na Tabela 4.14, que houve diferenças significativas no número de bolbos filhos, influenciadas por diferentes meios de cultivo. O número significativamente máximo de bulbos filhos (0,97, 0,87 e 0,92, respetivamente) foi observado no tratamento (M_4) Cocopeat: Vermiculita: Perlita (7:2:1 v/v) durante ambos os anos e análise conjunta, que foi igual ao tratamento (M_1), enquanto o número mínimo de bulbos filhos (0.50, 0.48 e 0.49, respetivamente) foi observado no tratamento (M_2) Solo: Areia: FYM (4:3:3 v/v) durante ambos os anos e análise conjunta.

A partir dos dados acima referidos, pode novamente atribuir-se uma maior translocação de hidratos de carbono para as porções subterrâneas, contribuindo mais para a multiplicação de bolbos por bolbos no meio.

4.3.4.3 Efeito de interação

Nos anos 2020-21, 2021-22 e em conjunto, a interação entre G x M, Y x G, Y x M e Y x G x M no número de bolbos-filhas não foi significativa (Quadro 4.14)

Tabela 4.15: Efeito de diferentes condições de cultivo e meios de cultivo no diâmetro do bolbo-filho (cm) por bolbo em Lilium asiático.

Tratamento		Diâmetro da lâmpada filha (cm)		
		2020-21	2021-22	Agrupado
Estado de crescimento				
G_1	**75% Rede de sombra de cor verde**	0.96	0.89	0.92
G_2	**75% Rede de sombra de cor branca**	1.01	0.91	0.96
G_3	**75% Rede de sombra de cor preta**	1.10	1.02	1.06
G_4	**Condição aberta**	0.67	0.60	0.63
	S. Em. ±	0.06	0.05	0.04
	C.D.a 5 %	0.17	0.16	0.11
Meios de cultura				
M_1	**Solo: Cocopeat: Vermiculite (5:3:2)**	1.07	0.98	1.03
M_2	**Solo: Areia: FYM (4:3:3)**	0.66	0.61	0.64
M_3	**Cocopeat: Solo: Areia (5:3:2)**	0.88	0.78	0.83
M_4	**Cocopeat: Vermiculite: Perlite (7:2:1)**	1.12	1.04	1.08
	S. Em. ±	0.06	0.05	0.04
	C.D.a 5 %	0.17	0.16	0.11
	Ano	-	-	NS
	Interação significativa	-	-	-
	C.V.%	22.16	21.99	22.10

4.3.5 Diâmetro do bolbo-filho (cm)

Os dados relativos ao diâmetro do bolbo-filho influenciado por diferentes condições de cultivo, meios de cultivo e o seu efeito de interação durante os anos 2020-21, 2021-22 e a análise conjunta foram apresentados no Quadro 4.14.

4.3.5.1 Efeito de diferentes condições de cultivo

Os dados apresentados na Tabela 4.15 revelaram uma variação significativa no diâmetro do bolbo-filho, influenciada por diferentes condições de cultivo. O diâmetro máximo dos bolbos filhos (1,10 cm, 1,02 cm e 1,06 cm, respetivamente) foi observado no tratamento G_3 (rede de sombra preta a 75%) durante os dois anos e na análise conjunta, o que foi igual ao tratamento G_1 e G_2. Por outro lado, o diâmetro mínimo do bolbo-filho (0,67, 0,60 e 0,63 cm, respetivamente) foi registado no tratamento (G_4) em condições abertas durante ambos os anos e na análise conjunta. As condições de campo aberto normalmente fornecem ampla luz solar em comparação com ambientes sombreados ou internos. Uma maior exposição à luz solar estimula uma fotossíntese robusta, conduzindo a um maior crescimento e desenvolvimento da planta, o que, em última análise, aumenta as suas caraterísticas de bolbo.

4.3.5.2 Efeito do meio de cultura

É evidente, a partir dos dados, que houve uma diferença significativa no diâmetro do bolbo-filho, influenciado pelos diferentes meios de cultivo. Diâmetros máximos significativos de bulbos filhos (1.12, 1.04 e 1.08 cm, respetivamente) foram observados no tratamento (M_4) Cocopeat: Vermiculita: Perlita (7:2:1 v/v) durante os dois anos e na análise conjunta, que foi igual ao tratamento (M_1). Considerando que, o diâmetro mínimo do bolbo-filho (0,66 cm, 0,61 cm e 0,64 cm, respetivamente) registado no tratamento (M_2) Solo: Areia: FYM (4:3:3 v/v) durante ambos os anos e análise conjunta.

Isto pode dever-se ao desvio de mais hidratos de carbono para a parte subterrânea devido a parâmetros de floração mais baixos, resultando na produção de bolbos de maiores dimensões.

4.3.5.3 Efeito de interação

Durante os anos 2020-21, 2021-22 e análise conjunta, a interação entre G x M, Y x G, Y x M e Y x G x Mon diâmetro do bolbo-filho foi considerada não significativa (Quadro 4.15).

4.3.6 Propagação co-eficiente

Os dados relativos ao coeficiente de propagação influenciado por diferentes condições de cultivo, diferentes meios de cultivo e o seu efeito de interação durante os anos 2020-21, 2021-22 e a análise conjunta são apresentados nos quadros 4.16 e 4.16.1.

4.3.6.1 Efeito de diferentes condições de cultivo

Os dados apresentados no Quadro 4.16 revelaram uma variação significativa no coeficiente de propagação, influenciada por diferentes condições de cultivo. Os coeficientes de propagação máximos (852,40, 850,66 e 851,53 %, respetivamente) foram observados no tratamento G_4 (condição aberta) durante os dois anos e na análise conjunta. Por outro lado, o coeficiente de propagação mínimo (609,34, 616,67 e 613,01 %, respetivamente) foi registado em no tratamento (G_1) 75 % de rede de sombra verde durante ambos os anos e na análise conjunta.

Quadro 4.16: Efeito de diferentes condições de cultivo e meios de cultivo no coeficiente de propagação por bolbo em Lilium asiático

Tratamento		**Coeficiente de propagação (%)**		
		2020-21	**2021-22**	**Agrupado**
Estado de crescimento				
G_1	**75% Rede de sombra de cor verde**	609.34	616.67	613.01
G_2	**75% Rede de sombra de cor branca**	641.44	651.97	646.71
G_3	**75% Rede de sombra de cor preta**	630.40	641.75	636.13
G_4	**Condição aberta**	852.40	850.66	851.53
	S. Em. ±	4.66	5.62	3.65
	C.D.a 5 %	13.44	16.19	12.62
Meios de cultura				
M_1	**Solo: Cocopeat: Vermiculite (5:3:2)**	819.62	827.88	823.75
M_2	**Solo: Areia: FYM (4:3:3)**	574.80	585.01	579.91
M_3	**Cocopeat: Solo: Areia (5:3:2)**	667.78	666.95	667.36
M_4	**Cocopeat: Vermiculite: Perlite (7:2:1)**	671.48	681.21	676.35
	S. Em. ±	4.66	5.62	3.65
	C.D.a 5 %	13.44	16.19	10.32
	Ano	-	-	Sig.
	Interação significativa	G x M	G x M	G x M
	C.V.%	7.09	7.80	7.81

4.3.5.2 Efeito do meio de cultura

É evidente a partir dos dados que houve uma diferença significativa no coeficiente de propagação influenciado pelos diferentes meios de cultivo. Observou-se um coeficiente de propagação significativamente máximo (819,62, 827,88 e 823,75

%, respetivamente) no tratamento (M_1) Solo: Cocopeat: Vermiculite (5:3:2 v/v) durante ambos os anos e análise conjunta. Enquanto que o coeficiente de propagação mínimo (574,80, 585,01 e 579,91 %, respetivamente) registado no tratamento (M_2) Solo: Areia: FYM (4:3:3 v/v) em ambos os anos e na análise conjunta.

4.3.6.3 Efeito de interação

A interação entre diferentes condições de cultivo (G) e meios de cultivo (M) foi considerada significativa (Tabela 4.16.1). O coeficiente de propagação máximo significativo (350,13, 353,53 e 351,83% respetivamente) foi registado em G_4M_1 [condição aberta +Solo: Cocopeat: Vermiculite (5:3:2)] durante ambos os anos e análise conjunta. O coeficiente de propagação mínimo (170,85, 172,36 e 171,61% respetivamente) foi registado na combinação de tratamentos G_1M_2 [rede de sombra de cor verde 75% +Solo: Areia: FYM (4:3:3)] durante ambos os anos e análise conjunta,

A interação entre Y x G, Y x M e Y x G x M foi considerada não significativa no coeficiente de propagação (Quadro 4.16.1).

Quadro 4.16.1: Efeito de interação de diferentes condições de cultivo e meios de cultivo
e meios de cultivo no coeficiente de propagação da Asiatic Lilium

Estado de crescimento (G) / Meio de cultura (M)	Coeficiente de propagação (%)			
	75% Rede de sombra de cor verde (G_1)	**75% Rede de sombra de cor branca (G_2)**	**75% Rede de sombra de cor preta (G_3)**	**Condição aberta (G_4)**
2020-21				
M_1 :Solo: Cocopeat: Vermiculite (5:3:2)	241.04	251.79	249.87	350.13
M_2 :Solo: Areia: FYM (4:3:3)	170.85	191.79	181.55	222.21
M_3 :Cocopeat: Solo: Areia (5:3:2)	204.16	200.11	202.13	283.97
M_4 :Cocopeat: Vermiculite: Perlite (7:2:1)	196.40	211.57	207.12	280.21
S. Em. ±	**9.30**			
C.D.a 5 %	**26.88**			
2021-22				
M_1 :Solo: Cocopeat: Vermiculite (5:3:2)	242.17	254.47	253.67	353.53
M_2 :Solo: Areia: FYM (4:3:3)	172.36	196.45	185.80	225.40
M_3 :Cocopeat: Solo: Areia (5:3:2)	206.76	204.09	206.07	272.34

M_4 :Cocopeat: Vermiculite: Perlite (7:2:1)	200.93	214.28	210.13	282.93
S. Em. ±	**11.24**			
C.D.a 5 %	**32.38**			
Agrupado				
M_1 :Solo: Cocopeat: Vermiculite (5:3:2)	241.61	253.13	251.77	351.83
M_2 :Solo: Areia: FYM (4:3:3)	171.61	194.12	183.67	223.81
M_3 :Cocopeat: Solo: Areia (5:3:2)	205.46	202.10	204.10	278.16
M_4 :Cocopeat: Vermiculite: Perlite (7:2:1)	198.67	212.93	208.63	281.57
S. Em. ±	**7.30**			
C.D.a 5 %	**20.64**			

CAPÍTULO V

RESUMO E CONCLUSÃO

Uma experiência intitulada **"Influência de diferentes condições de cultivo com meios de comunicação no crescimento e rendimento de Lilium asiático"** foi realizada na Faculdade de Horticultura da Universidade Agrícola de Anand, Anand, Gujarat, de setembro a abril de 2020-21 e em 2021-22.

A experiência foi desenhada num esquema completamente aleatório (Fatorial) com dezasseis combinações de tratamentos e replicada três vezes. O primeiro fator foi a diferença de condições de crescimento (G) viz., G_1-75% rede de sombra de cor verde, G_2-75% rede de sombra de cor branca, G_3-75% rede de sombra de cor preta, G_4- Condição aberta e o segundo fator foi a diferença de meios de crescimento (M) *viz.,* M_1-Solo: Cocopeat: Vermiculite (5:3:2), M_2-Solo: Areia: FYM (4:3:3), M_3-Cocopeat: Solo: Areia (5:3:2), M_4-Cocopeat: Vermiculite: Perlite (7:2:1). A observação dos parâmetros de crescimento, floração e rendimento do lírio asiático foi registada e os resultados obtidos são resumidos a seguir:

5.1 EFEITO DE DIFERENTES CONDIÇÕES DE CRESCIMENTO

5.1.1 EFEITO SOBRE OS PARÂMETROS DE CRESCIMENTO

- O cultivo de lírio asiático em condições de rede de sombra negra a 75 % (G_3) registou um número significativamente mínimo de dias para a germinação do bolbo (5,13, 5,23 e 5,18, respetivamente) nos anos 2020-21, 2021-22 e análise conjunta.
- A altura máxima significativa das plantas aos 30 dias após a sementeira (DAS) (37,12, 36,82 e 36,97 cm, respetivamente) foi observada em condições de rede de sombra verde a 75 % (G_1), que foi estatisticamente igual à condição de rede de sombra preta a 75 % (G_3) durante ambos os anos e análise conjunta.
- A altura da planta na colheita de lilium asiático foi observada significativamente máxima (72,85, 72,17 e 72,51 cm, respetivamente) sob condição de rede de sombra verde de 75%, que foi estatisticamente igual à condição de rede de sombra preta de 75% (G_3) no ano 2020-21, 2021-22 e análise agrupada.
- O cultivo de lírio asiático em condições de rede de sombra verde a 75 % registou um número máximo de folhas significativo (73,15, 72,15 e 72,65, respetivamente)

durante o ano e os dados agrupados, o que foi estatisticamente igual à condição de rede de sombra preta a 75 % (G_3) no ano 2020-21, 2021-22.

5.1.2 EFEITO SOBRE OS PARÂMETROS DE FLORAÇÃO

- Registou-se um número significativamente menor de dias para o aparecimento do primeiro botão no lírio asiático (24,28, 23,90 e 24,09, respetivamente) em condições de rede de sombra preta a 75 % (G_3), que foi estatisticamente igual a 75 % de rede de sombra verde (G_1) e 75 % de rede de sombra branca (G_2) nos anos 2020-21, 2021-22 e análise conjunta.
- Observou-se um número significativamente mínimo de dias para a abertura da flor no lírio asiático (71,58, 70,97 e 71,28, respetivamente) na condição de rede de sombra preta a 75 % (G_3), que foi estatisticamente igual à condição de rede de sombra verde a 75 % (G_1) e à condição de rede de sombra branca a 75 % (G_2) nos anos 2020-21, 2021-22 e análise conjunta.
- O cultivo de lilium asiático em condições de rede de sombra verde a 75 % (G_1) registou um número significativamente máximo de flores por planta (2,53, 2,45 e 2,49, respetivamente), que foi estatisticamente igual a 75 % de rede de sombra branca (G_2) e 75 % de rede de sombra preta (G_3) nos anos 2020-21, 2021-22 e análise conjunta.
- O diâmetro da flor foi significativamente máximo em condições de rede de sombra preta a 75 % (G_3) registadas (14,86, 14,67 e 14,77 cm, respetivamente), o que foi estatisticamente igual a 75 % de rede de sombra verde (G_1) em 2021-22 e 75 % de rede de sombra branca (G_2) nos anos 2020-21, 2021-22 e análise conjunta.
- O cultivo de lírio asiático em condições de rede de sombra preta a 75 % (G_3) registou um tempo de conservação das flores significativamente mais elevado (7,37, 7,30 e 7,33 dias, respetivamente), que foi estatisticamente igual ao das condições de rede de sombra verde a 75 % (G_1) e de rede de sombra branca a 75 % (G_2) nos anos 2020-21, 2021-22 e análise conjunta.

5.1.3 EFEITO SOBRE OS PARÂMETROS DE RENDIMENTO

- O número de bolbos por planta (1,45, 1,35 e 1,40, respetivamente) foi significativamente máximo em condições abertas (G_4) nos anos 2020-21, 2021-22 e na análise conjunta.

- O peso máximo significativo do bolbo (68,37, 64,66 e 66,51 g, respetivamente) foi registado em condições abertas (G_4) nos anos 2020-21, 2021-22 e na análise conjunta.
- O diâmetro do bolbo (4,66, 4,51 e 4,59 cm, respetivamente) foi significativamente máximo em condição aberta (G_4), que foi estatisticamente igual a 75 % de rede de sombra verde (G_1) e 75 % de rede de sombra branca (G_2) durante ambos os anos e análise conjunta.
- O cultivo de lírio asiático em condições abertas (G_4) registou um número significativamente máximo de bolbos-filha (0,90, 0,78 e 0,84, respetivamente), o que foi estatisticamente igual a 75% de sombra verde (G_1) e 75% de sombra branca (G_2) nos anos 2020-21, 2021-22 e análise conjunta.
- O cultivo de lírio asiático em condições abertas (G_4) registou um diâmetro máximo significativo do bolbo-filho (1,10 cm, 1,02 cm e 1,06 cm, respetivamente), que foi estatisticamente igual a 75 % de sombra verde (G_1) e 75 % de sombra branca (G_2) nos anos 2020-21, 2021-22 e análise conjunta.
- O cultivo de lírio asiático em condições abertas (G_4) registou uma eficiência de propagação significativamente máxima (852,40, 850,66 e 851,53 %, respetivamente) nos anos 2020-21, 2021-22 e na análise conjunta.

5.2 EFEITO DE DIFERENTES MEIOS DE CULTURA

5.2.1 EFEITO SOBRE OS PARÂMETROS DE CRESCIMENTO

- O número de dias necessários para a germinação do bolbo foi significativamente mínimo (5,73, 5,98 e 5,86, respetivamente) com a combinação de meios Cocopeat: Vermiculite: Perlita (7:2:1 v/v) (M_4) durante ambos os anos e análise conjunta.
- O cultivo de lilium asiático registou significativamente a altura máxima das plantas aos 30 dias após a sementeira (40,33, 39,82 e 40,08 cm, respetivamente) com diferentes combinações de meios de cultivo de Cocopeat: Vermiculite: Perlite (7:2:1 v/v) (M_4) nos anos 2020-21, 2021-22 e análise conjunta.
- A altura da planta na colheita (71,93, 71,68 e 71,81 cm, respetivamente) foi observada significativamente máxima com diferentes combinações de meios de Cocopeat: Vermiculita: Perlite (7:2:1 v/v) (M_4) nos anos 2020-21, 2021-22 e análise conjunta.
- O cultivo de lilium asiático observou um número significativamente máximo de folhas (71,55, 70,77 e 71,16, respetivamente) com diferentes combinações de

meios de Cocopeat: Vermiculita: Perlite (7:2:1 v/v) (M_4) nos anos 2020-21, 2021-22 e análise conjunta.

5.2.2EFEITO SOBRE OS PARÂMETROS DE FLORAÇÃO

- O cultivo do lírio asiático registou um número significativamente menor de dias até ao aparecimento do primeiro rebento (24,58, 24,25 e 24,42, respetivamente) com diferentes combinações de meios Cocopeat: Vermiculite: Perlite (7:2:1 v/v) (M_4) durante ambos os anos e análise conjunta.
- O número de dias necessários para a abertura da flor (70,87, 70,32 e 70,59, respetivamente) foi observado significativamente mínimo com diferentes combinações de meios de Cocopeat: Vermiculita: Perlite (7:2:1 v/v) (M_4) nos anos 2020-21, 2021-22 e análise conjunta.
- O número significativamente mais elevado de flores por planta (2,80, 2,75 e 2,78, respetivamente) foi registado com diferentes combinações de meios Cocopeat: Vermiculite: Perlite (7:2:1 v/v) (M_4) durante ambos os anos e análise conjunta.
- O cultivo de lilium asiático registou significativamente o diâmetro máximo da flor por planta (15,02, 14,72 e 14,87 cm, respetivamente) com diferentes combinações de meios de cultivo de Cocopeat: Vermiculite: Perlite (7:2:1 v/v) (M_4) nos anos 2020-21, 2021-22 e análise conjunta.
- O prazo de validade (7,92, 7,83 e 7,88 dias, respetivamente) registou um máximo significativo com diferentes combinações de meios de cultura de Cocopeat: Vermiculite: Perlite (7:2:1 v/v) (M_4) nos anos 2020-21, 2021-22 e análise conjunta.

5.2.3 EFEITO SOBRE OS PARÂMETROS DE RENDIMENTO

- O número de bolbos por planta (1.57, 1.37 e 1.47, respetivamente) registou um máximo significativo com diferentes combinações de meios de cultivo de Solo: Cocopeat: Vermiculite (5:3:2 v/v) (M_1) durante ambos os anos e análise conjunta.
- O cultivo de lírio asiático registou um peso máximo significativo do bolbo (65,62, 61,53 e 63,57 g, respetivamente) com diferentes combinações de meios de cultura de Solo: Cocopeat: Vermiculite (5:3:2 v/v) (M_1) no ano 2020-21, 2021-22 e análise conjunta.
- O diâmetro do bolbo (4,58, 4,45, 4,52 cm, respetivamente) observou um máximo significativo com diferentes combinações de meios de cultura de Solo:

Cocopeat: Vermiculite (5:3:2 v/v) (M_1) no ano 2020-21, 2021-22 e análise conjunta.

- Foi encontrado um número significativamente máximo de bolbos filhos (0,97, 0,87 e 0,92, respetivamente) com diferentes combinações de meios (M_4) Cocopeat: Vermiculite: Perlite (7:2:1 v/v) que foi estatisticamente igual a (M_1) Solo: Cocopeat: Vermiculite (5:3:2 v/v) no ano 2020-21, 2021-22 e análise conjunta.
- O cultivo de lilium asiático registou um diâmetro máximo significativo do bolbo-filho (1,12, 1,04 e 1,08 cm, respetivamente) com diferentes combinações de meios de cultivo de Cocopeat: Vermiculite: Perlite (7:2:1 v/v) (M_4) nos anos 2020-21, 2021-22 e análise conjunta.
- O cultivo de lilium asiático registou um coeficiente de propagação significativo (819,62, 827,88 e 823,75 %, respetivamente) com diferentes combinações de meios de cultura de Solo: Cocopeat: Vermiculite (5:3:2 v/v) (M_1) nos anos 2020-21, 2021-22 e análise conjunta.

5.2.3 EFEITO DE INTERACÇÃO DAS CONDIÇÕES DE CRESCIMENTO E MEIOS DE COMUNICAÇÃO EM CRESCIMENTO

- Foi registada uma altura máxima significativa das plantas aos 30 DAS (44,47, 44,00 e 44,23 cm, respetivamente) nas combinações de tratamento G_1M_4 [75% Rede de sombra de cor verde + Cocopeat: Vermiculite: Perlite (7:2:1)] que foi igual à combinação de tratamento G_3M_4 [75% Rede de sombra de cor preta + Cocopeat: Vermiculite: Perlite (7:2:1)] no ano 2020-21, 2021-22 e análise conjunta.
- A altura da planta na colheita (82,53, 82,07 e 82,30 cm, respetivamente) foi registrada significativamente máxima nas combinações de tratamento $G_1 M_4$ [75% de rede de sombra de cor verde + Cocopeat: Vermiculita: Perlita (7: 2: 1)] durante ambos os anos e análise agrupada, que foi igual a $G_{(3)}M_4$ [75% de rede de sombra de cor preta + Cocopeat: Vermiculita: Perlita (7: 2: 1)] combinações de tratamento no ano 2020-21, 2021-22 e análise agrupada.
- Um número significativamente máximo de folhas (80,33, 78,93 e 79.63, respetivamente) foram registados nas combinações de tratamento G_1M_4 [75% Rede de sombra de cor verde + Cocopeat: Vermiculite: Perlite (7:2:1)] durante ambos os anos e análise conjunta, que foi a par com G_2M_4 [75% Rede de sombra de cor branca + Cocopeat: Vermiculite: Perlite (7:2:1)] G_3M_4 [75%

Rede de sombra de cor preta + Cocopeat: Vermiculite: Perlite (7:2:1)] combinações de tratamento durante ambos os anos e análise conjunta.

- O número de flores por planta (3.07, 3.00 e 3.03, respetivamente) foram registados significativamente máximos com as combinações de tratamento G_3M_4 [75% Rede de sombra de cor preta +Cocopeat: Vermiculite: Perlite (7:2:1)] durante ambos os anos e análise conjunta, que foi a par com G_1M_4 [75% Rede de sombra de cor verde + Cocopeat: Vermiculite: Perlite (7:2:1)] G_2M_4 [75% Rede de sombra de cor branca + Cocopeat: Vermiculite: Perlite (7:2:1)] combinações de tratamento no ano 2020-21, 2021-22 e análise conjunta.
- O prazo de validade do lírio asiático (8,13, 8,07 e 8.10 dias, respetivamente) foram registados como significativamente máximos com as combinações de tratamento G_3M_4 [75% Rede de sombra de cor preta + Cocopeat: Vermiculite: Perlite (7:2:1)] que foi estatisticamente igual a G_1M_4 [75% Rede de sombra de cor verde + Cocopeat: Vermiculite: Perlite (7:2:1)] G_2M_4 [75% Rede de sombra de cor branca + Cocopeat: Vermiculite: Perlite (7:2:1)] combinações de tratamento durante ambos os anos e análise conjunta.
- O peso máximo significativo do bolbo (84,87, 76,91 e 80,89 g, respetivamente) foi registado nas combinações de tratamento G_4M_1 [condição aberta +Solo: Cocopeat: Vermiculite (5:3:2)] no ano 2020-21, 2021-22 e análise conjunta.
- O diâmetro do bolbo (5.22 cm, 5.01 cm e 5.12 cm respetivamente) foi observado significativamente máximo com as combinações de tratamento de G_4M_1 [condição aberta +Solo: Cocopeat: Vermiculite (5:3:2)] durante ambos os anos e análise conjunta.
- O coeficiente de propagação significativamente máximo (350,13, 353,53 e 351,83 % respetivamente) foi registado em G_4M_1 [condição aberta +Solo: Cocopeat: Vermiculite (5:3:2)] durante ambos os anos e análise conjunta

5.5 CONCLUSÃO

A partir dos dois anos de estudo de campo, pode concluir-se que o cultivo do lírio asiático em diferentes condições de crescimento, o parâmetro vegetativo*, ou seja*, a altura da planta a 30 DAS, a altura da planta na colheita e o número de folhas foram melhores em condições de rede de sombra verde a 75 %, enquanto o parâmetro de floração, como os dias para o início do primeiro botão, a abertura da flor, o diâmetro da flor e o tempo de prateleira foram melhores em condições de rede de sombra preta a 75 %. Por outro lado, todos os parâmetros de rendimento foram considerados melhores em condições abertas. No caso de diferentes meios de cultura, todos os parâmetros vegetativos e de floração da combinação de meios Cocopeat: Vermiculite: Perlite (7:2:1) foi superior. Considerando que os parâmetros de rendimento, *ou seja,* o número de bolbos, o peso dos bolbos e o número de bolbos filhos, foram melhores com a combinação Solo: Cocopeat: Vermiculite (5:3:2).

REFERÊNCIAS

Ahmad, M., e Cashmore, A. R. (1996). Seeing blue: The discovery of cryptochrome. *Plant Molecular Biology,* **30**, 851-861.

Alizadeh Ajirlo S., Nickrazm, R., Khaligy, A., & Tabatabaei, S. J. (2021). Efeitos do meio de envasamento no tempo de floração e caraterísticas de marketing importantes da flor de corte de lírio (*Lilium spp.*) em cultura sem solo. *Journal of Plant Physiology and Breeding*, **11**(1), 123-125.

Anónimo. (2023) Recuperado de Floriculture (apeda.gov.in)

Anónimo. (2023) Recuperado de nhb.gov.in.

Arunesh, A., Muraleedharan, A., Sha, A., Kumari, S., Joshi, J. L., Kumar, P.S. e Rajan, E.B. (2020). Estudos sobre o efeito de diferentes meios de cultivo no crescimento e floração da gerbera cv. Goliath. *Arquivos de Plantas*, **20** (1), 653-657.

Austerman, P., Dunn, B. L., Singh, H., Fontanier, C., & Stanphill, S. (2023). Controle de altura de pansy cultivado em estufa usando redes de sombra coloridas. *Hort Technology*, **33** (1), 36-43.

Awang, Y., Shaharom, A. S., Mohamad, R, B.,& Selamat, A., (2009).Caraterísticas químicas e físicas de misturas de meios à base de cocopeat e seus efeitos no crescimento e desenvolvimento de *Celosia cristata. American Journal of Agricultural and Biological Sciences*, **4**, 63-71.

Bahr, L.R. & Compton, M. E. (2004). Competência para regeneração de bolbos in vitro entre oito genótipos de Lilium. *HortSci*, **39** (1), 127-129.

Balan, M. S., Aruna, P., Rajamani, K., Vanitha, K. (2022) Efeito do meio no crescimento de plantas de tuberosa propagadas por bulblet. *The Pharma Innovation Journal*, **11** (7), 2719-2721.

Basheer, S. N., & Thekkayam, S. G. (2012).Efeito do meio de cultura e da nutrição orgânica no crescimento vegetativo de plantas de antúrio (*Anthurium andreanum* cv. tropical). *Asian Journal of Horticulture*, **7**(2), 354-358.

Batschauer A. (1998). Photoreceptors of higher plants. *Planta*, **206**: 479-492.

Beattie, D.J., & White, J.W., (1993) Lilium-híbridos e espécies. In: De Hertogh A, Le Nard M (eds.) *The physiology of flower bulbs. Elsevier Sci Publ BV, Amesterdão*, pp. 423-454.

Bhat, S. K., Patra, S. K., & Mohanty, C. R., (2016). Avaliação varietal de lírios híbridos asiáticos em condições de casa aberta e poli. *Jornal Internacional de Ciência e Pesquisa Agrícola (IJASR)*, **6**(3), 569-576.

Bhandari, N. S., Srivastava, R., & Goshwami, V. (2016). Avaliação de híbridos de lilium (*Lilium x hybrida*) para atributos de crescimento, floração e bulbo nas regiões montanhosas de Uttarakhand. *Journal of Horticultural Sciences*, **11**(2), 161-165.

Bhandari, N. S., Srivastava, R., Kantiya, S. P., Guru, S. K., & Goshwami, V. (2017). Avaliação de substratos para forçar o lilium (*Lilium longiflorum*) no sistema de contêineres. *Indian Journal of Agricultural Sciences*, **87**(5), 677-80.

Bostan, N., Sajid, M., Wahid, F., Rabi, F., Qureshi, S., Ahmad, W., Ahmad, S. e Tawab, S. (2014). Efeitos do meio de cultivo e do intervalo de irrigação no crescimento de Amaryllis (*Amaryllis belladonna*). *Adv. Life Sci. Technol.*, **18**: 2224-7181.

Bostan, N., Sajid, M., Rabi, F., & Munir, M. (2014). Efeitos do meio de cultivo e do intervalo de irrigação na produção de flores de Amaryllis (*Amaryllis Belladonna*). *Jornal de Biologia, Agricultura e Cuidados de Saúde*, **4**(6), 38-44.

Chakradhar, P., Naik, M. R., Lakshmi, K. S., Sireesha, Y., Umamahesh, V., Kumari, P. L., & Kumar, N. V. (2023). Efeito de redes de sombra de cores diferentes no crescimento e na qualidade das plantas ornamentais. *Journal of Crop and Weed*, **19** (2): 195-201.

Chandrakar, U., Fatmi, U., Bharti, S., & Swastika, S. (2018). Efeito do meio de cultivo em diferentes variedades de lilium oriental (*Lilium orientalis*) sob rede de sombra nas condições agroclimáticas de Allahabad. *Int. J. Curr. Microbiol. App. Sci.*, **7**(12), 2114-2121.

Chaudhary, N., Sindhu, S.S., Kumar, R., Saha, T.N., Raju, D.V.S., Arora, A., e Sharma, R.R. (2018). Efeito da composição do meio de cultivo no crescimento, floração e produção de bolbos do híbrido LA (Alerta Vermelho) e do grupo Oriental (Abacate) de Lilium em condições protegidas. *Indian Journal of Agricultural Sciences*, **88** (12): 1843-47.

Chaudhary, N., Sindhu, S. S., Kumar, R., Saha, T. N., Raju, D. V. S., Arora, A., & Sharma, A. (2020).Avaliação de híbridos LA e lírios orientais em condições protegidas e abertas. *Journal of Pharmacognosy and Phytochemistry*, **9**(6S), 156-160.

Christie, J. M., e Jenkins, G. I. (1996). As vias distintas de transdução de sinal de luz azul UV-B e UV-A induzem a expressão do gene da síntese de chalcona em células de Arabidopsis. *Plant Cell*, **8**, 1555-1567.

Deeptimayee, B., & Mohanty, C. R. (2015). Avaliação de variedades de lírios híbridos asiáticos sob condições de Bhubaneswar. *Asian Journal of Horticulture*, **10**(2), 194-200.

De Jong, P. C. (1974) Some notes on the evolution of lilies. *Lily Year North Am Lily Soc.*, **27:23-28**.

Díaz-Pérez, J. C., & John, K. S. (2019). Pimentão (*Capsicum annum L.*) sob redes de sombra coloridas: Crescimento da planta e respostas fisiológicas. *Hort. Science*, **54**(10), 1795-1801.

Elad, Y., Messika, M., Brand, D.R., David, & Sztejnberg. A. (2007). Efeito de redes de sombra coloridas no oídio do pimento (*Leveillula taurica*). *Phytoparasitica*, **35**, 285-299.

Fallik, E., Alkalai-Tuvia, S., Parselan, Y., Aharon, Z., Elmann, A., Offir, Y., & Shahak, Y. (2009). Podem as redes de sombra coloridas manter a qualidade do pimentão durante o armazenamento e a comercialização? (In) *IV Simpósio dos Balcãs sobre Legumes e Batatas*, **830**, pp 37-44.

Fatmi, U. (2023). Efeito de diferentes meios de cultivo no crescimento e na produção de flores de lírio oriental (*Lilium orientalis*). *International Journal of Plant & Soil Science*, **35** (19), 353-359.

Fatmi, U., Singh, D., & Bharti, S. (2018). Crescimento e floração do lírio asiático cv. Pollyanna como influenciado por diferentes ambientes de cultivo. *Arquivos de Plantas*, **18** (1), 760-762.

Gaurav, A.K., Raju, D. V. S., Janakiram, T., Singh, B., Jain R., e Krishnan, S.G. (2016). Efeito da rede de sombra colorida na produção de *Dracaena fragrans*. *Indian J. Hort.*, **73**(1): 94-98.

Gaurav, A.K., Raju, D.V.S., Janakiram, T., Singh, B., Jain, R., e Krishnan, S. G. (2016). Efeito de redes de sombra de cores diferentes na produção e qualidade de Cordyline (*Cordyline terminalis*). *Indian Journal of Agricultural Sciences*, **86** (7), 865-869.

Grassotti, A., Nesi, B., Maletta, M., & Magnani, G. (2003). Efeitos do meio de cultura e da época de plantação em híbridos de lírio em cultura sem solo. *Ata* **Horticulture609**, 395-399.

Heidari, S., Mortazavi, S. N., Reezi, S., & Nikbakht, A. (2021). Resíduos de palma compostados como alternativa à turfa de coco em meios de cultivo: efeitos no crescimento e estado nutricional da flor de corte de lírio (*Lilium spp.*). *Jornal de Horticultura e Pesquisa Pós-colheita*, (*Edição Especial - Nutrição de Plantas em Horticultura*). (**4**), 49-66.

Hou, W., Luo, Y., Wang, X., Chen, Q., Sun, B., Wang, Y., Liu, Z., Tang, H., & Zhang. Y. (2018). Efeitos do sombreamento no crescimento da planta, qualidade da flor e capacidade fotossintética de *Rosa hybrida*. *Actas da conferência AIP*, **1956** (1), 2005.

Ikram, S., Habib, U., & Khalid, N. (2012).Efeito de diferentes combinações de meios de envasamento no crescimento e vida útil do vaso de tuberosa (*Polianthes tuberosa Linn.*). *Pak. J. Agri. Sci.*, **49**(2), 121-125.

Jabbar, A., Tehranifar, A., Shoor, M., & Nemati, S. H. (2018). Efeito de diferentes meios em alguns parâmetros de crescimento, floração e bioquímicos de duas cultivares de gladíolo (*Gladiolus grandiflorus L.*) em condições sem solo. *Journal of Ornamental Plants*, **8**(3), 205-215.

Jana, B. K., &Roychoudhary, N. (1989). Lilium, Flores Comerciais. *Calcutá, Naya Prokash*, 601-602.

Jehoshaphat, V., Saravanan, S.,Shabi, M., Deepanshu., & Kumar, M., (2017). Efeito de diferentes meios de cultivo no crescimento, floração e rendimento de corm de cultivares de gladíolo (*Gladiolus grandiflorus L.*), *The Pharma Innovation Journal*, **6**(11), 618-620.

Jimenez, S., Plaza, B.M., Segura, M. L., Contreras, J. I., & Lao, T.M. (2012). Reutilização de substrato de turfa na cultura de Lilium "Haveltia". *Commun. Ciência do Solo e Análise de Plantas*, **43**, 243-250.

Kale, R. D., Jagtap, K. B., & Badgujar, C. D., (2009). Effect of different containers and growing media on yield and quality parameters of gerbera (*Gerbera jamesonii*) under protected cultivation. *Journal of Ornamental Horticulture*, **12** (4), 261-264.

Karagüzel, Ö. (2020). Efeitos de diferentes meios de cultivo no desempenho das flores de corte de duas variedades orientais de Lilium. *Jornal Internacional de Engenharia Agrícola e Biológica*, **13**(5), 85-92.

Karaguzel, U. O. (2023). Avaliação de diferentes meios de cultura no desempenho da flor de corte de duas cultivares de gladíolo (*Gladiolus grandiflorus*). *Horticultural Studies*, **40**(2), 36-42.

Keller, M, M., Jaillais, Y., Pedmale. U. V., Moreno, J. E., Chory. J., Ballare.' C. L, (2011) Cryptochrome 1 e phytochrome B controlam as respostas de prevenção de sombra em Arabidopsis através de cascatas hormonais parcialmente independentes. *Plant J.*, **67**(2), 195-207.

Khalaj, M. A., Azimi, M. H., & Sayyad-Amin, P. (2022). The effect of different growth media on Calla Lily (*Zantedeschia spp.*). *Journal of Ornamental Plants*, **12**(4), 279-286.

Kittas, C., Rigakis, N., Katsoulas, N., & Bartzanas, T. (2009). Influência das telas de sombreamento no microclima, crescimento e produtividade do tomateiro. *Ata Horticulture*, **807**, 97-102.

Kumar, R., Patel, V., Verma, D., Bidyut, C., Singh, S., & Sindhu, S. (2011). Avaliação do lilium asiático em colinas subtropicais de Meghalaya. *Revista de Investigação Avançada de Melhoramento de Culturas*, **2**(2), 257-259.

Kumar, R., Singh, A. K., Tomar, K. S., Kanawjia, A., & Ojha, G. (2023). Studies on effect of different soil-based and soil-less growing media on growth and flowering of snapdragon (*Antirrhinum majus L.*). *Journal of Ornamental Horticulture*, **26** (1 e 2), 90-97.

Kumar, S., Malik, A., Dahiya, D. S., & Kaur, M. (2018). Avaliação de cultivares de lilium híbridos asiáticos em condições de cultivo em estufa no semi-árido de Haryana, Índia. *Int J Curr Microbiol Appl Sci.*, **7**, 3389-3394.

Kumari, S., Kumar, S., & Singh, C. P. (2019). Desempenho comparativo do lírio híbrido oriental cv. copo branco em condições protegidas. *Revista Internacional de Microbiologia Atual e Ciências Aplicadas*, **8**(1), 2451-2455.

Lalmuanpuii Prasad, V. M., Sarvanan, S., Kumar. M. (2021) Effect of different soil media on growth, flowering and yield of gerbera (*Gerbera jamesonii*) under naturally ventilated polyhouse condition. *Journal of Pharmacognosy and Phytochemistry*, **10**(2), 957-959.

Lyngdoh, A., Gupta, Y.C., Dhiman, S.R., Dilta, B.S. e Kashyap, B. (2015). Efeito dos substratos na propagação de lírios híbridos através de escalonamento. *J. Hill Agri*, **6**(2), 158-162.

Marcelis, L. F. M., & De Koning, A. N. M. (1995). Partição de biomassa em plantas. In: Bakkar, JC, Bot GPA, Challa H, Van de Braakeds NJ (Eds) Greenhouse climate control: An integrated approach, Wageningen Pers, *The Netherlands*, pp. 84-92.

Masoodi, N. H., & Nayeem, S. M. (2018). Avaliação de diferentes híbridos de lilium sob condições climáticas do vale da Caxemira. *Agri Res & Tech: Open Access J.*, **17**(1), 556008.

Mehmood, T., Ahmad, W., Ahmad, K. S., Shafi, J., Muhammad, A. e Shehzad, M. A. (2013). Efeito comparativo de diferentes meios de envasamento no crescimento vegetativo e reprodutivo do chuveiro floral (*Antirrhinum majus L.*). *Universal Journal of Plant Science*, **1**(3), 104-111.

Millenaar, F. F., Van Zanten, M., Cox, M. C. H. , Pierik, R., Voesenek, L. A. C. J., Peeters, A. J. M. (2009) Differential petiole growth in Arabidopsis thaliana: photocontrol and hormonal regulation. *New Phytol*, **184**(1), 141-152.

Mousavi, S. M., & Ardebili, Z. O. (2014). Crescimento e floração de Lilium sob vários fertilizantes orgânicos. *Revista Iraniana de Fisiologia Vegetal*, **5**(1), 1235-1242.

Nard, M., & Hertogh, A.A., (1993) Bulb Growth and Development and Flowering. In: De Hertogh, A.A. e Le Nard, M., Eds., *The Physiology of Flower Bulbs, Elsevier, Amsterdam*, 29-44.

Nazari, F., Farahmand, H., Khosh-Khui, M., & Salehi, H. (2011). Efeitos da fibra de coco como componente do meio de envasamento no crescimento, floração e caraterísticas fisiológicas do jacinto (*Hyacinthus orientalis L.* cv. Sonbol-e-Irani). *International Journal of Agriculture and Food Science*, **1**(2), 34-38.

Negi, R., Jarial, K., Jarial, R. S., Kumar, S., & Dhiman, S. R. (2016). Avaliação de cultivares de lilium para adequação em condições de baixa colina de Himachal Pradesh. *Journal of Hill Agriculture*, **7**(2), 201-203.

Nesi, B., Lazzereschi, S., Pecchioli, S., Grassotti, A. e Salazar-Orozco, G. (2013). Efeitos de redes de sombra coloridas no desenvolvimento vegetativo e na atividade fotossintética em vários genótipos de hortênsias. *Ata Horticulture*, **1000**, 345-352.

Nissim-Levi, A., Farkash, L., Hamburger, D., Ovadia, R., Forrer, I., Kagan, S., & Oren-Shamir, M. (2008).Light-scattering shade net increases branching and flowering in ornamental pot plants. *Journal of Horticultural Science and Biotechnology*, **83** (1), 9-14.

Nongdhar, I., Singh, D., & Fatmi, U. (2019). Resposta do meio de cultivo no crescimento e na qualidade das flores do Lilium asiático cv. Ercalano em rede de sombra sob condições de prayagraj. *Arquivos de Plantas*, **19**(2), 540-542.

Oren-Shamir, M., Gussakovsky, E., Eugene, E., Nissim-Levi, A., Ratner, K., Ovadia, R., e Shahak, Y. (2001). As redes de sombra coloridas podem melhorar o rendimento e a qualidade dos ramos decorativos verdes de *Pittosporum variegatum. The Journal of Horticultural Science and Biotechnology*, **76** (3), 353-361.

Panezai, S., Leghari, S. K., Panezai, M. A., Gulshan, A. B., Hussain, F., & Siddiqui, M. F. (2021). Impacto de diferentes redes de cores de sombreamento no crescimento, rendimento e qualidade dos frutos do tomate (*Lycopersicum esculentum L.*) em condições climáticas frias do Baluchistão. *Journal of Phytosciences*, **1** (2), 149-156.

Panse, V.G., & Sukhatme, P. V. (1967). Statistical methods for agricultural workers. *ICAR*, Nova Deli, Índia.

Pickering, J.S. (1997). Uma alternativa à turfa. *O Jardim*. **122**, 428-429.

Pierik, R., Whitelam, G. C., Laurentius, A. C. J. V., Kroon, H. D, Visser, E. J.W. (2004) Canopy studies on ethylene-insensitive tobacco identify ethylene as a novel element in blue light and plant-plant signalling. *The Plant Journal*, **38** (2), 310-319.

Prasad, M. (1997) Physical, chemical and biological properties of coir dust (Propriedades físicas, químicas e biológicas do pó de coco). *Ata Horticulture*, **450,** 21-29.

Prisa, D., Burchi, G., Antonetti, M., &Teani, A. (2010). Uso de substratos orgânicos ou inorgânicos para reduzir o uso de turfa e melhorar a qualidade de bulbos e inflorescências em lírio asiático. In *II Simpósio Internacional sobre o Género Lilium,* **900** .143-148.

Quail, P. H., Boylan, M. T., Parks, B. M., Short, T. W., Xu, Y., e Wagner, D. (1995). Fitocromos: Photo sensory perception and signal transduction. *Science*, **268,** 675-680.

Rajera, S., Sharma, P., & Sharma, B. K. (2017). P. Efeito de diferentes meios de cultivo no crescimento e produção de flores do lírio híbrido LA. *Int. J. Curr. Microbiol. App. Sci.*, **6**(8), 2076-2089.

Reddy, M.T., Ismail, S., e Reddy, Y. N. (1999). Efeitos de sombra e alelo-páticos do ber no crescimento, produtividade e qualidade do rabanete (*Raphanus sativus L.*) em cultura em vaso. *South Indian Horticulture*, **47**, 77-80.

Riaz, A., Arshad, M., Younis, A., Raza, A., & Hameed, M. (2008). Efeitos de diferentes meios de cultura no crescimento e na floração de *Zinnia eleganscv.* Blue point. *Pakistan Journal of Botany*, **40** (4), 1579-1585.

Rosenberg, N. J., Blad, B, L., & Verma. (1983). Microclima: *The biological environment. 2ª Ed. John Wiley &Sons, Nova Iorque, NY.*

Savita, Chahal, D., Malik, A., & Devi, S. (2022). Effect of Different Growing conditions and genotypes on growth and bulb parameters of Asiatic Lily (Efeito de diferentes condições de cultivo e genótipos no crescimento e parâmetros do bolbo do lírio asiático). *Agricultural Science Digest-A Research Journal*, **42**(4), 407-413.

Seyedi, N., Mohammadi, T. A., & Allahyari, M. S., (2012).O impacto da perlite e da turfa de coco como meios de crescimento em Lilium. *Asian Journal of Experimental Biological Sciences*,3(3), 502-505.

Sharma, R., Kumar, R., & Dahiya, D. S. (2018). Estudos sobre o desempenho de variedades de lilium em polyhouse. *Journal of Pharmacognosy and Phytochemistry*, **7**(4), 2711-2713.

Shahak, Y. (2008). Redes foto-selectivas para melhorar o desempenho das culturas hortícolas. Uma revisão dos estudos sobre plantas ornamentais e hortícolas em Israel. *Ata Horticulture*,770, 161-168.

Shahak, Y., Gussakovsky, E., Gal, E., & Ganelevin, R. (2004). Colournets: Proteção das culturas e manipulação da qualidade da luz numa única tecnologia. *Ata Horticulture*, 659, 143-51.

Shahak, Y., Lahav, T., Spiegel, E., Philosoph-Hadas, S., Meir, S., Orenstein, H., Gussakovsky, E., Ratner, K., Giller, Y., Shapchisky, S., Zur, N., Rosenberger, I., Gal, Z. e Ganelevin, R. (2002). Cultivo de Aralia e Monstera sob redes de sombra coloridas. *Olam Poreah*, **13**, 60-62.

Synge, P. M., & Elwes, H. J. (1980). Lilies, a revision of Elwes' Monograph of the genus Lilium and its supplements (Lírios, uma revisão da Monografia de Elwes do género Lilium e seus suplementos).

Singh, S., & Kumar, S. (2018). Desempenho comparativo do gladíolo cv. forta rosa sob diferentes condições ambientais de crescimento e floração. *Revista Internacional de Estudos Químicos*, **6**(2), 2484-2488.

Smita, R., Puja, S., Bharti, K., & Sharma, P. (2007). Efeito de diferentes meios de cultivo no crescimento e na produção de flores do lírio híbrido LA. *Int. J. Curr. Microbiol. App. Sci.*, **6**(8), 2076-2089.

Smith, I. E., Savage, M. J., & Mills, P. (1984). Efeito do sombreamento em tomates e pepinos de estufa. *Ata Horticulture*, **148**, 491-500.

Stamps, R. H. (1994). Evapotranspiração e lixiviação de azoto durante a produção de fetos de folha de couro em casas de sombra. *Publicação especial, St. Johns River Water Management.*

Stamps, R.H. (2009).Utilização de redes de sombra coloridas na horticultura. *Hort Sci.*, **44**: 239-241.

Stamps, R. H., e Chandler, A. L. (2008). Efeitos diferenciais de redes de sombra coloridas em três culturas de folhagem cortada. *Ata Horticulture*, **770**, 169-176.

Taiz, L. e Zieger, E. (2002). Fisiologia Vegetal. 3ª Edição. *Editora Sinauer Associates*, 690.

Tehranifar, A., Selahvarzi, Y., & Alizadeh, B., (2011). Efeito de diferentes meios de cultura no crescimento e desenvolvimento de dois tipos de Lilium (híbridos orientais e asiáticos) em condições sem solo. *Actas do IInd International Symposium on the Genus Lilium*, pp **139**, 42-30.

Thakur, R., Sood, A., Nagar, P.K., Pandey, S., Sobti, R.C., & Ahuja, P.S. (2005). Regulação do crescimento de plântulas de Lilium em meio líquido através da aplicação de paclobutrazol ou ancymidol para a sua compatibilidade num sistema de bioreactor: parâmetros de crescimento. *Plant Cell Rep.*, **25**, 382-391.

Thumar, B.V., Chovatiya, N.V., Butani, A.M., Bhalu, V.B. e Chavda, J.R. (2020). Efeito do meio de envasamento no crescimento e na produção de flores da rosa (*Rosa hybrida L.*) cv. Top Secret em condições protegidas. *Journal of Pharmacognosy and Phytochemistry*, **9**(2), 408-410.

Tinggi, D. J. P., & Nasional, M. P. (2010). Pedoman beban kerja dosen dan evaluasi pelaksanaan tridharma perguruan tinggi. *DP Nasional (Ed.)*, 1.

Treder, J. (2008). O efeito do cocopeat e da fertilização no crescimento e na floração do lírio oriental 'star gazer'. *Journal of Fruit and Ornamental Plant Research*, **16**, 361-70.

Wang, Y., Zhang, T., & Folta, K. M. (2015). A luz verde aumenta a resposta à sombra induzida pela luz vermelha distante. *Regulação do Crescimento das Plantas*, **77**, 147-155.

Wani, M. A., Nazki, I. T., Din, A., Malik, S.A. & Rather, Z. A. (2016). Partição de fotossintatos em lírios asiáticos sob fontes de nitrogênio amoniacal e nitrato. *Investigação Agrícola*, **5** (3), 230-235.

Waseem, K., Hameed, A., Jilani, M. S., Kiran, M., Rasheed, M., Javeria, S., & Jilani, T. A. (2013). Efeito de diferentes meios de cultivo no crescimento e floração do estoque (*Matthiola incana*) sob as condições agro-climáticas de Dera Ismail Khan. *Pak. J. Agri. Sci.*, **50** (3), 523-527.

Wilkins, H. F., & Dole, J. M. (1997). The physiology of flowering in Lilium. *Ata Horticulture*, **430**, 183- 188.

Yau, P. Y., & Murphy, R. J. (2000). Cocopeat biodegradado como substrato para horticultura. *Congresso Internacional de Horticultura, Parte 7: Quality of Horticultural Products*, **517** pp. 275-278.

Younis, A., Ahmad, M., Riaz, A., & Khan, M. A. (2007).Effect of different potting media on growth and flowering of *Dahlia coccinia* cv. Mignon. In *Europe-Asia Symposium on Quality Management in Postharvest Systems-Eurasia.*, **804**,pp. 191-196.

Zamin, M., Rabbi, F., Shah, S., Amin, M., Rashid, H. U., Alam, H., & Ali, S. (2020). Desempenho de genótipos de lilium (*Lilium elegans L.*) usando diferentes meios de plantio. *Sarhad Journal of Agriculture*, **36**(3), 661-666.

Zhang, T., Maruhnich, S, A., Folta, K. M. (2011) A luz verde induz sintomas de evasão de sombra. *Plant Physiol,* **157**(3), 1528-1536.

APÊNDICE I

Dados meteorológicos relativos à semana padrão registados durante o período de inquérito (2020-2021)

Meses	Semanas normais	Temperatura (ºC)		Queda de chuva (mm)	RH (%)
		Máximo.	Min.		
setembro-2020	38	32.90	26.30	0.00	79.00
	39	34.30	26.60	3.50	76.00
	40	33.10	26.00	5.10	81.00
	41	32.70	25.50	0.40	79.00
Out-2020	42	30.90	24.90	1.90	69.00
	43	35.90	23.00	0.00	58.00
	44	35.20	22.60	0.00	63.00
Nov-2020	45	33.70	16.90	0.00	56.00
	46	32.40	16.00	0.00	55.00
	47	32.20	18.60	0.00	59.00
	48	30.10	16.40	0.00	60.00
Dez-2020	49	32.40	15.60	0.00	61.00
	50	29.40	17.60	0.00	74.00
	51	25.90	14.10	0.00	67.00
	52	27.20	12.10	0.00	56.00
Jan-2021	1	25.70	14.09	0.00	63.00
	2	27.50	16.10	0.00	74.00
	3	29.20	13.60	0.00	68.00
	4	26.90	11.10	0.00	59.00
	5	26.20	9.00	0.00	51.00
Fev-2021	6	30.10	12.10	0.00	55.00
	7	31.20	12.00	0.00	57.00
	8	31.30	15.30	0.00	53.00
	9	33.80	16.30	0.00	55.00
Mar-2021	10	35.20	14.90	0.00	56.00
	11	35.60	17.10	0.00	53.00
	12	36.50	19.40	0.00	55.00
	13	37.70	19.70	0.00	53.00
abril de 2021	14	38.10	22.00	0.00	56.00
	15	39.40	22.10	0.00	49.00
	16	38.60	23.70	0.00	49.00
	17	39.20	23.90	0.00	55.00

APÊNDICE 2

Dados meteorológicos relativos à semana padrão registados durante o período de inquérito (2021-2022)

Meses	Semanas normais	Temperatura (°C)		Queda de chuva (mm)	RH (%)
		Máximo.	Min.		
Set. 2021	38	32.50	26.10	17.40	83.00
	39	30.90	25.90	8.20	90.00
	40	29.60	25.70	10.60	93.00
	41	31.50	25.60	9.90	83.00
Out. -2021	42	33.60	25.90	0.00	78.00
	43	35.00	25.90	0.00	75.00
	44	34.70	21.60	0.00	61.00
Nov-2021	45	33.10	17.40	0.00	49.00
	46	32.60	16.20	0.00	48.00
	47	30.40	20.70	0.00	58.00
	48	32.70	17.70	0.00	62.00
Dez-2021	49	25.30	17.40	0.00	82.00
	50	28.30	17.00	0.00	65.00
	51	26.30	12.70	0.00	59.00
	52	26.90	13.50	0.00	71.00
Jan-2022	1	27.60	16.60	0.00	74.00
	2	23.90	11.10	0.00	69.00
	3	26.70	12.90	0.00	68.00
	4	24.50	10.40	0.00	63.00
	5	28.30	8.60	0.00	59.00
Fev.-2022	6	29.00	11.60	0.00	62.00
	7	29.20	13.20	0.00	57.00
	8	31.30	14.50	0.00	58.00
	9	32.80	15.20	0.00	60.00
março-2022	10	33.70	16.60	0.00	48.00
	11	35.90	19.10	0.00	52.00
	12	39.20	20.20	0.00	46.00
	13	34.51	21.60	0.00	50.00
abril - 2022	14	39.80	22.30	0.00	56.00
	15	39.60	22.50	0.00	53.00
	16	39.20	24.10	0.00	54.00
	17	40.70	23.40	0.00	43.00

Printed by Books on Demand GmbH, Norderstedt / Germany